工程力学实验指导

主 编　周　岭
副主编　李治宇
　　　　李　平
　　　　王　龙

科学出版社
北京

内 容 简 介

本书以培养学生分析问题、解决问题以及理论运用的综合能力为目的，根据多年来的教学经验，并参考同类著作，以实用为原则编写而成。本书在以实验基础知识与常用实验为实践教学内容以外，还增加了机械性能测试实践案例、机械性能测试国家标准等内容。

全书共分两部分，第 1 部分主要介绍了数据采集与误差分析等实验基础知识、理论力学实验、材料力学实验、电测应力分析实验、综合设计实验；第 2 部分内容为专题试验，包括棉花秸秆的力学试验、红枣果肉的抗压试验、香梨准静态力学试验、核桃的破壳压缩试验、塑料地膜力学试验；另外，书末附有机械性能测试国家标准。

本书可作为普通高等院校工程类专业的教材，也可作为相关专业课程的参考用书，同时可供工程技术人员参考。

图书在版编目(CIP)数据

工程力学实验指导/周岭主编. —北京：科学出版社，2019.9
ISBN 978-7-03-061499-5

Ⅰ. ①工⋯　Ⅱ. ①周⋯　Ⅲ. ①工程力学－实验－高等学校－教材
Ⅳ. ①TB12-33

中国版本图书馆 CIP 数据核字(2019)第 110092 号

责任编辑：朱晓颖 / 责任校对：彭珍珍
责任印制：张　伟 / 封面设计：迷底书装

科 学 出 版 社 出版
北京东黄城根北街 16 号
邮政编码：100717
http://www.sciencep.com

北京虎彩文化传播有限公司 印刷
科学出版社发行　各地新华书店经销
*
2019 年 9 月第 一 版　开本：787×1092　1/16
2019 年 11 月第二次印刷　印张：7
字数：179 000

定价：35.00 元
(如有印装质量问题，我社负责调换)

前　言

在"新工科"背景下，学生理论联系实际和工程系统能力的培养受到越来越广泛的重视，这就要求建立与之相匹配的理论与实践教学体系，从而促进教学资源的重整与创新。目前，工程力学实验主要以材料力学内容为主，涉及的实验内容多为拉伸、剪切、扭转以及机械性能参数(弹性模量、泊松比)的测试等。本书以原有实验体系为基础，在内容层次上设置了通识实验、综合实验、创新实验等模块，是集实验数据分析、理论力学实验、材料力学实验、综合设计实验，以及科学研究过程中的实验案例、实验标准选取等内容为一体的实践教学指导书。本书将为提升学生的学习能力和工程素养、加强系统意识提供一定的帮助。本书的编写具有以下特点。

(1)本书集成了实验基础知识、理论力学实验、材料力学实验、电测应力分析实验以及综合设计实践，建立了较为系统的工程实验实践教学资源体系，便于培养学生从基础理论知识到实践应用过程的工程能力，建立由表及里的认知思维。

(2)本书在集成工程力学通识实验内容外，收集整合了工程课题中典型材料机械性能测试试验案例(棉花秸秆、红枣果肉、香梨、核桃、塑料地膜机械性能的测试)，内容贴近生产实际，让力学实验走进生活，激发学生学习的积极性和创新性，同时培养学生学以致用。

(3)附录选编了部分材料的机械性能测试实验的国家标准，方便读者在研究过程中建立标准、规范的操作流程，同时培养学生严谨、规范的标准意识，对培养学生的工程素质起到潜移默化的影响。

(4)本书的结构设计从通识力学实验(基础实验、验证实验、综合设计实验)、工程案例到参考资料(附录)，在编写上符合教学规律和学生的认知规律，注重工程系统能力的熏陶与培养。书中根据需要附有思考题、习题，以便于学生将理论学习与实践验证相结合。

本书由周岭主编，参与编写的有：塔里木大学李平(第 1 章)，王龙(第 2 章)，李凤娟、李健(第 3 章)，伍恒(第 4 章部分内容)，胡灿、张航(第 5 章)、周岭(第 6～10 章)；山东理工大学李治宇(第 4 章部分内容)；新疆理工学院秦翠兰、王磊元(附录)。

在本书编写过程中参考了同类著作(具体主要书目作为参考文献列于书末)，在此向作者表示衷心的感谢。

由于作者水平有限，书中疏漏之处在所难免，敬请读者批评指正。

作　者

2019 年 3 月

目　　录

第 2 部分　专 题 试 验

导　　言

1．本课程的目的和意义

实践是理论的基础，实验是进行科学研究的重要手段。工程力学是在实验观察的基础上，抓住主要矛盾，经过科学抽象，由表及里，去伪存真，将真实材料理想化、实际构建典型化、公式推导假设化的学科。同时，基础力学实验是工科专业教学中的一个重要环节，基础力学相关理论知识的结论及定律、力学性质(机械性质)都要通过实验来验证或测定。各种复杂构件的强度和刚度的问题，也需要通过实验解决。在结构设计及新材料开发中，需要了解材料的力学性能参数，这些数据要通过材料的力学性能实验进行测定。在工程实际中，构件的几何形状、受力条件和支承条件往往十分复杂，使用实验应力分析方法是解决此类难题的可靠途径。

工程力学实验不但可以使学生巩固和深化工程力学理论，而且使学生学会测试材料各种力学性能的方法，学习常用的应力分析方法和各种仪器的正确使用、操作方法，锻炼动手能力，培养独立分析、解决问题的能力和科学严谨的工作态度。

课程内容分为以下几个方面。

1)理论力学实验

作为理论力学重要组成部分，本部分实验的目的是通过实践教学环节的实施，开阔学生的视野，加强理论力学的工程概念，了解这门课程与工程实际的紧密关系，培养、锻炼学生的创新思维，要求学生通过参观实物、实验演示以及自己观察、分析和动手实践达到实验的目的。

2)材料力学实验

构件设计时，需要了解所用材料的力学性质，这些性质所涉及的数据是通过拉伸、压缩、扭转等实验测定的。学生通过此类实验的基本训练，可以掌握材料力学性质的基本测定方法，进一步巩固有关材料力学性质的知识。

3)电测应力分析实验

工程实际中常会遇到构件形状和载荷十分复杂的情况，关于其强度理论的计算很难解决实际问题，因此需要通过实验测量，进一步进行应力、应变分析。本部分主要包括弯曲正应力、等强度梁、弯扭组合、偏心拉伸等实验。

4)其他

本指导书通过专题形式总结了科学研究过程中的一些材料机械性能的测试实验方法与实验条件，如棉秆、红枣、香梨等机械性能的检测，同时总结了力学测试过程应用的国家标准，为学生在第二课堂的创新活动提供借鉴。

2．力学实验基本要求

1）实验前的准备

实验课前认真预习本教材，明确实验目的、原理和步骤。明确实验要测取的参数、需要选择的仪器设备，以及如何正确操作仪器设备和操作中应注意的问题等。

2）实验过程中的要求

在做材料力学实验前，要检查试验机测力度盘指针是否对准零点、试件安装是否正确等。试运行正常后，经指导教师检查好才可开机实验。实验完毕后检查数据是否齐全，最后清理设备，把仪器回归原位并关机，其他工具放回原处，经指导教师检查后，方可离开。

3）实验报告的书写要求

实验报告是实验者对实验过程的总结，实验报告包括以下内容：

(1)实验名称、实验日期，实验人员名称、同组者名单。

(2)实验目的及原理。

(3)使用的仪器、仪表并注明名称、型号、精度(或方法倍数)等，其他用具也要注明。

(4)实验数据及处理数据要正确填入记录表格内，注意测量单位。

第1部分 实验基础知识与常用实验

第1章 实验基础知识

1.1 实验注意事项

(1)进入实验室前，认真预习，理解涉及的主要理论内容，了解本次实验的目的、内容和步骤，并要清楚使用的机器和仪器的基本原理。

(2)实验室禁止穿背心、短裤或裙子等暴露过多皮肤的衣服，不得佩戴隐形眼镜，长发必须扎起。

(3)在实验室内严禁嬉笑打闹、严禁把食物带入实验室。

(4)在实验室内必须自觉遵守实验室规则及机器和仪器的操作规程，不是本次实验使用的机器和仪器不能随意乱动。

(5)使用电器设备(万能试验机)时禁止用湿手或在眼睛旁视时开关电器。实验完毕后，拔下电源插头，切断电源。

(6)如发生不小心被压伤、夹伤、割伤等意外情况时，应立即报告老师，并做相应的初步处理。

(7)实验操作过程中不要靠近观看，以防试件破坏时碎屑飞出伤人。

(8)实验结束后，仪器设备、座椅恢复原位，指定学生值日打扫卫生。

1.2 实验数据的搜集

任何实验都离不开对参数的测量、观察与分析。本书中有不少测量方面的实验，例如，在进行拉伸、压缩、扭转、压杆、弯曲和电阻应变片粘贴等实验时，都需要对力、应力、应变、位移等物理量进行测量。这些原始数据的收集方法主要有两类：观察法和实验法。

　　观察法是以旁观者的身份对以上具体实验的演变过程进行记录的数据收集方法。例如，施加一定的力使杆件断裂时，杆件的受力变化就需要通过记录杆件从变形到断裂过程中其受力的大小。

　　实验法中，实验数据是在获得的过程中对数据产生的条件实施了控制而得到的。获得数据的方法主要是通过实验。实验法是通过实验来研究变量之间因果关系的一种方法。例如，施加不同大小的力，观察受压杆件的径向尺寸和轴向尺寸的变化过程，随着施加力的增大，受压杆件径向方向的尺寸增大，而轴向方向的尺寸在减少，可以通过实验的方法得到该变化数据。

1.3　　实验误差分析

1.3.1　真值与平均值

1．真值

　　任何实验都离不开对量的测量，被测量的量在某一时刻、某一位置或某一状态下的客观真实的大小，称为被测量的真值。

　　在绝大多数情况下，被测量的真值一般是未知的，但从相对的意义上来说，真值又是已知的。例如，平面三角形三内角之和(恒为180°)，准确度高一级的测量仪器所测的值、多次实验值的平均值、国家标准样品的标称值、国际上公认的计量值(如 C_{12} 的相对原子质量为 12，绝对零度等于-273.15℃等)。

2．平均值

　　在科学实验中，虽然实验误差在所难免，但平均值可综合反映实验值在一定条件下的一般水平，所以在科学实验中，经常将多次实验值的平均值作为真值的近似值。平均值的种类很多，在处理实验结果时常用的有以下几种。

1)算术平均值

　　算术平均值是最常用的一种平均值。设有 n 个实验值 $x_1, x_2, \cdots, x_n$，则它们的算术平均值为

$$\overline{x} = \frac{x_1 + x_2 + \cdots + x_n}{n} = \frac{\sum\limits_{i=1}^{n} x_i}{n} \tag{1-1}$$

式中，x_i 表示第 i 个实验值。

　　同样实验条件下，如果多次实验值服从正态分布，则算术平均值是这组等精度实验值中的最佳值或最可信赖值。

2)加权平均值

　　如果某组实验值是用不同的方法获得的，或由不同的实验人员得到的，则这组数据中不同值的精度或可靠性不一致，为了突出可靠性高的数值，则可采用加权平均值。设有 n 个实验值 $x_1, x_2, \cdots, x_n$，则它们的加权平均值为

$$\bar{x}_w = \frac{w_1 x_1 + w_2 x_2 + \cdots + w_n x_n}{w_1 + w_2 + \cdots + w_n} = \frac{\displaystyle\sum_{i=1}^{n} w_i x_i}{\displaystyle\sum_{i=1}^{n} w_i} \tag{1-2}$$

式中，$w_1, w_2, \cdots, w_n$ 表示单个实验值对应的权。如果某值精度较高，则可给较大的权数，加重它在平均值中的分量。

3) 对数平均值

如果实验数据的分布曲线具有对数特性，则宜使用对数平均值。设有两个数字 x_1、x_2，都为正数，则它们的对数平均值为

$$\bar{x}_L = \frac{x_1 - x_2}{\ln x_1 - \ln x_2} = \frac{x_1 - x_2}{\ln \dfrac{x_1}{x_2}} = \frac{x_2 - x_1}{\ln \dfrac{x_2}{x_1}} \tag{1-3}$$

注意：量数的对数平均值总小于或等于它们的算术平均值。当 $\dfrac{1}{2} \leqslant \dfrac{x_1}{x_2} \leqslant 2$ 时，可用算术平均值代替对数平均值，而且误差不大（$\leqslant 4.4\%$）。

4) 几何平均值

设有 n 个正实验值 $x_1, x_2, \cdots, x_n$，则它们的几何平均值为

$$\bar{x}_G = \sqrt[n]{x_1 x_2 \cdots x_n} = (x_1 x_2 \cdots x_n)^{\frac{1}{n}} \tag{1-4}$$

对上式两边同时取对数得

$$\lg \bar{x}_G = \frac{\displaystyle\sum_{i=1}^{n} \lg x_i}{n} \tag{1-5}$$

可见，当一组实验值取对数后所得数据的分布曲线更加对称时，宜采用几何平均值。一组实验值的几何平均值常小于它们的算术平均值。

5) 调和平均值

设有 n 个正实验值 $x_1, x_2, \cdots, x_n$，它们的调和平均值为

$$H = \frac{n}{\dfrac{1}{x_1} + \dfrac{1}{x_2} + \cdots + \dfrac{1}{x_n}} = \frac{n}{\displaystyle\sum_{i=1}^{n} \dfrac{1}{x_i}} \tag{1-6}$$

或

$$\frac{1}{H} = \frac{\dfrac{1}{x_1} + \dfrac{1}{x_2} + \cdots + \dfrac{1}{x_n}}{n} = \frac{\displaystyle\sum_{i=1}^{n} \dfrac{1}{x_i}}{n} \tag{1-7}$$

可见调和平均值是实验值倒数的算术平均值的倒数，它常用在涉及一些量的倒数的场合。调和平均值一般小于对应的几何平均值和算术平均值。

综上，不同平均值都有各自适用的场合，选择哪种方法求平均值取决于实验数据本身的特点，如分布类型、可靠性程度等。

1.3.2　误差的基本概念及分类

1．误差的基本概念

一个物理量的真实值，是指在一定的时空条件下，该物理量客观存在的实际数值。真值是用理想的方法定性、定量地反映被测物理量的理论值，通常由理论给定或由计量标准规定。为了表征实测值与真值的差异，在这里引进了误差的概念。误差是普遍存在的，就是说，任何科学实验测量的实验数据都不可避免地存在着误差。

误差是指实测值与真值之差。它被用来表征测量结果的准确度。所谓准确度是指一定条件下，多次测定结果的均值与真值相吻合的程度。准确度是与系统误差相对应的。误差分为绝对误差和相对误差。

$$绝对误差 = 实测值 - 真值$$

$$相对误差 = \frac{绝对误差}{真值} \approx \frac{绝对误差}{实测值}$$

前面已指出，真值是客观存在的，但人们不可能测得真值。在未知真值情况下，为表示测量结果优劣，又引进偏差的概念。所谓偏差是指实测值与测定平均值之差，相对偏差为偏差与测定平均值的比值，即

$$偏差 = 实测值 - 平均值$$

$$相对偏差 = \frac{偏差}{平均值}$$

偏差反映了测定的精密度，精密度是指在同一条件下，对同一个物理量进行多次重复测定时，实测值的离散程度。实测值越集中，测量的精密度越高。精密度是与随机误差相对应的。通常用以下 3 个量来度量：

算术平均值 $$d = \frac{1}{n}\sum_{t=1}^{n}(x_t - \bar{x}) \tag{1-8}$$

极差 $$L = x_{\max} - x_{\min} \tag{1-9}$$

标准差 $$s = \sqrt{\frac{\sum_{t=1}^{n}(x_t - \bar{x})^2}{n-1}} \tag{1-10}$$

其中，标准差的应用最广泛，它表征整个实测值的离散程度。当一组测定数据中出现极值时，标准差即明显增大，实测值变动越大，标准差也越大。标准差还表示测定的重复性及被测物理量本身的稳定性。若被测物理量本身和测定条件均稳定，s 则表示测定条件的随机波动性；若被测物理量本身不稳定，而测定条件是稳定的，s 则表示被测物理量本身的随机波动性；若被测物理量本身和测定条件二者都不稳定，s 则表示二者随机波动性的综合效应。

2．误差分类

在进行力、应力、应变、位移等物理量的测量实验时，不可避免地会存在着各方面的误差，就其性质来讲，大体可分为系统误差和偶然误差(随机误差)两大类，还有一种过失误差是人为原因造成的，本书不予讨论。

系统误差是一种规则的、恒定的误差，是由确定的系统产生的固定不变的因素引起的误差。该误差的偏向及大小总是相同的。例如：仪器的零点不准、天平不等臂、标尺刻度不准、应变片灵敏系数偏大等。

偶然误差是一种不规则的随机误差，无法预测它的大小，其误差没有固定的大小和偏向。

系统误差有固定的偏向及规律性，可采取适当的措施予以校正和消除。而偶然误差，只有当测量次数足够多时，服从统计规律，其大小才可由概率决定。

1.3.3　系统误差

1．系统误差的来源

按来源，系统误差可分为如下 4 种类型。

(1)仪器误差：包括仪器制造不精确，使用过久精度下降，仪器未调至最佳状态，器皿未予校正，使用试剂不纯等。

(2)操作误差：包括人为因素(视力不佳导致读数不准，操作人员存有偏见使终点观察超前或滞后)，取样代表性不好，反应条件控制不当，灼烧沉淀温度选择不合适等。

(3)方法误差：包括测试方法不完善，采用的原理不严密，选用的经验公式不完全符合实际情况，采用理论公式时实验条件与之不吻合，空白实验不正确等。

(4)环境误差：包括环境温度变化引起仪器及器皿精度改变，大气污染严重影响空白实验和试样实验的测定结果，照明情况变化引起视差使读数不准确等。

2．系统误差的判定

实验结果有无系统误差，必须进行检验，以便能及时减小或消除系统误差，提高实验结果的正确度。相同条件下的多次重复实验不能发现系统误差，只有改变形成系统误差的条件，才能发现系统误差。

下面介绍一种方便、有效的检验方法——秩和检验法。利用该检验方法可以检验两组数据之间是否存在显著性差异，所以当其中一组数据无系统误差时，就可以利用该检验方法判断另一组数据有无系统误差。显然，利用秩和检验法，还可以证明新实验方法的可靠性。

设有两组实验数据 $x_1^{(1)}, x_2^{(1)}, \cdots, x_{n_1}^{(1)}$ 与 $x_1^{(2)}, x_2^{(2)}, \cdots, x_{n_2}^{(2)}$，其中 n_1、n_2 分别是两组数据的个数，这里假定 $n_1 \leqslant n_2$。假设这两组实验数据是相互独立的，如果其中一组数据无系统误差，则可以用秩和检验法检验另一组数据有无系统误差。

首先，将这 n_1+n_2 个实验数据混在一起，按从小到大的次序排列，每个实验值在序列中的次序叫作该值的秩，然后将属于第 1 组数据的秩相加，其和记为 R_1，称为第 1 组数据的秩和；同理可以求得第 2 组数据的和 R_2。如果两组数据之间无显著差异，则 R_1 就不应该太大或太小。对于给定的显著性水平 α（表示检验的可信程度为 $1-\alpha$）和 n_1、n_2，由秩和临界值表（表1-1）可查得 R_1 的上、下限 T_2 和 T_1，如果 $R_1 \geqslant T_2$ 或 $R_1 \leqslant T_1$，则认为两组数据有显著差异，另一组数据有系统误差；如果 $T_1 < R_1 < T_2$，则两组数据无显著差异，另一组数据也无系统误差。

表 1-1　秩和检验临界值表

(2,4)			(4,4)			(6,7)		
3	11	0.067	11	25	0.029	28	56	0.026
(2,5)			12	24	0.057	30	54	0.051
3	13	0.047	(4,5)			(6,8)		
(2,6)			12	28	0.032	29	61	0.021
3	15	0.036	13	27	0.056	32	58	0.054
4	14	0.071	(4,6)			(6,9)		
(2,7)			12	32	0.019	31	65	0.025
3	17	0.028	14	30	0.057	33	63	0.044
4	16	0.056	(4,7)			(6,10)		
(2,8)			13	35	0.021	33	69	0.028
3	19	0.022	15	33	0.055	35	67	0.047
4	18	0.044	(4,8)			(7,7)		
(2,9)			14	38	0.024	37	68	0.027
3	21	0.018	16	36	0.055	39	66	0.049
4	20	0.036	(4,9)			(7,8)		
(1,10)			15	41	0.025	39	73	0.027
4	22	0.03	17	39	0.053	41	71	0.047
5	21	0.061	(4,10)			(7,9)		
(3,3)			16	44	0.026	41	78	0.027
6	15	0.05	18	42	0.053	43	76	0.045
(3,4)			(5,5)			(7,10)		
6	18	0.028	18	37	0.028	43	83	0.028
7	17	0.057	19	36	0.048	46	80	0.054
(3,5)			(5,6)			(8,8)		
6	21	0.018	19	41	0.026	49	87	0.025
7	20	0.036	20	40	0.041	52	84	0.052
(3,6)			(5,7)			(8,9)		
7	23	0.024	20	45	0.024	51	93	0.023
8	22	0.048	22	43	0.053	54	90	0.046

(3,7)			(5,8)			(8,10)		
8	25	0.033	21	49	0.023	54	98	0.027
9	24	0.058	23	47	0.047	57	95	0.051
(3,8)			(5,9)			(9,9)		
8	28	0.024	22	53	0.021	63	108	0.025
9	28	0.042	25	50	0.056	66	105	0.047
(3,9)			(5,10)			(9,10)		
9	30	0.032	24	56	0.028	66	114	0.027
11	29	0.05	26	54	0.05	69	111	0.047
(3,10)			(6,6)			(10,10)		
9	33	0.024	26	52	0.021	79	131	0.026
11	31	0.056	28	50	0.047	83	127	0.053

注：括号数值表示样本容量 (n_1, n_2)。

【例 1-1】　设 A、B 两组测定值为

A：8.6，10.0，9.9，8.8，9.1，9.1

B：8.7，8.4，9.2，8.9，7.4，8.0，7.3，8.1，6.8

已知 A 组数据无系统误差，试用秩和检验法检验 B 组测定值是否有系统误差（$\alpha = 0.05$）。

解：先求出各数据的秩，如表 1-2 所示。

表 1-2　A、B 两组实验数据的秩

秩	1	2	3	4	5	6	7	8	9	10	11.5	11.5	13	14	15
A							8.6		8.8		9.1	9.1		9.9	10.0
B	6.8	7.3	7.4	8.0	8.1	8.4		8.7		8.9			9.2		

此时，$n_1 = 6$，$n_2 = 9$，$n = n_1 + n_2 = 15$，$R_1 = 7 + 9 + 11.5 + 11.5 + 14 + 15 = 68$。

对于 $\alpha = 0.05$，查秩和临界值表，得 $T_1 = 33$，$T_2 = 63$。

所以 $R_1 > T_2$。

故两组数据有显著差异，B 组测定值有系统误差。

注意：在进行秩和检验时，如果几个数据相等，则它们的秩应该是相等的，等于相应几个秩的算术平均值。如例 1-1 中，两个 9.1 的秩均为 11.5。

3. 系统误差的限制和消除

要限制和消除系统误差，需要根据不同物理量的测量运用有关专业知识去解决，这里仅从原则上提出限制和消除系统误差的几种方法。

（1）通过理论分析和实验观测，充分了解测量中可能引起系统误差的原因。针对测量对象研究测量方法。选择测量仪器，调整仪器的工作状态和参数，以消除可能产生的系统误差。

(2)对各种误差因素进行研究，相应地引入修正项。

(3)在某些情况下，对某种固定的或有规则变化的系统误差，可巧妙地设计测量方法加以消除。

1.3.4　实验数据的有效数字表示

1．有效数字

能够代表一定物理量的数字，称为有效数字。研究数据误差的内容之一，就是要正确确定实验数据的有效位数，因为在数据处理时要求数据的有效数字应与误差相匹配。换句话说，数据的有效数字不宜太多，也不宜太少。太多使人误解为数据精度很高，太少则又损失精度。

如果某一物理量的计量结果 L 的极限误差是某一位上的半个单位，则该位到 L 的左起第一个非零数字一共有 n 位，即认定 L 有 n 位有效数字。

当书写不带误差的任一数字时，应写出由左起第一个不为零的数一直到最后一个数为止，都是有效数字。例如，极限误差为 $1/2 \times 10^{-4}$，则 0.0023 的近似数不应写成 0.002300，因后者的极限误差为 $1/2 \times 10^{-6}$。又如极限误差为 $1/2 \times 10^{2}$ 时，8700 的近似数应写成 87×10^{2}，而不应写成 8700，因后者的极限误差为 1/2。

带误差的数据，一般误差保留一个数字，而该数据最后一位应取至与该保留误差数字同一量级。如活塞压力计的有效截面积，极限误差为 $\Delta=0.000005\text{cm}^2$，假设测定的有效面积为 $L=0.050145\text{cm}^2$，最后该数据应写为 $(0.050145 \pm 0.000005)\text{cm}^2$。因误差取了一个数字 5，因此 L 取至与 Δ 相同的 0.000001 位。

注意："0"在有效数字中，可以是有效数字，也可以不是有效数字。例如，3.0202 是 5 位有效数字，其中"0"都是有效数字。0.3305，左数第 1 个"0"不是有效数字，只起定位作用，第二个"0"是有效数字，因此，这个数是 4 位有效数字。0.0390 是 3 位有效数字。0.0070 是 2 位有效数字。0.06 是 1 位有效数字。400 的有效数字不好确定，可能是 3 位有效数字，也可能是 2 位有效数字，应根据有效数字的要求，写成 4.00×10^2 为 3 位有效数字，写成 4.0×10^2 则为 2 位有效数字。

2．有效数字的运算

(1)加、减运算：以小数点后位数最少的数为准。

(2)乘、除运算：以有效数字位数最少的数为准。

(3)乘方、开方运算：与其底数相同，例如 $2.3^2=5.3$。

(4)对数运算：与其真数相同，例如 $\ln 6.84=1.92$。

(5)在 4 个以上数的平均值计算中，平均值的有效数字可增加一位。

(6)所有取自手册上的数据，其有效数字位数按实际需要取，但原始数据如有限制，则应服从原始数据。

(7)一些常数的有效数字的位数可以认为是无限制的，例如，圆周率 π、重力加速度 g、1/3 等，可根据需要取有效数字。

(8)一般在工程计算中，取 2～3 位有效数字就足够精确了，只有在少数情况下需要取到 4 位有效数字。

3．有效数字的修约规则

"四舍五入"法的弊端，是遇 5 进位往往导致数据取值偏高，且引入了 5 本身的误差。为了克服此弊端和适应科技工作的需要，国家标准化管理委员会颁发了《数值修约规则与极限数值的表示和判定》。通常称为"四舍六入五成双"规则。即当位数≤4 时舍去，位数≥6 时进位，位数=5 时，"5"后面位数为"0"，则要看它前面的一个数，如果是奇数就入，是偶数就舍，这样数据的末位数都是偶数，即为"双数"，"5"后面位数不为"0"的任何数，均进位。例如，下列数字修约为 4 位有效数字为

$$27.0241 \rightarrow 27.02$$
$$27.0261 \rightarrow 27.03$$
$$27.0250 \rightarrow 27.02$$
$$27.0150 \rightarrow 27.02$$
$$27.0251 \rightarrow 27.03$$

1.4　实验数据的统计处理

力学实验中测量得到的许多数据需要处理后才能表示测量的最终结果。对实验数据进行记录、整理、计算、分析和拟合等，从中获得实验结果和寻找物理量变化规律或经验公式的过程就是数据处理。它是实验方法的一个重要组成部分，是实验课的基本训练内容。本节主要介绍列表法、作图法、图解法、逐差法和最小二乘法。

1.4.1　列表法

列表法就是将一组实验数据和计算的中间数据依据一定的形式和顺序列成表格。列表法可以简单明确地表示出物理量之间的对应关系，便于分析和发现数据的规律性，也有助于检查和发现实验中的问题，这就是列表法的优点。设计记录表格时要做到：

(1)表格设计要合理，以利于记录、检查、运算和分析。

(2)表格中涉及的各物理量，其符号、单位及量值的数量级均要表示清楚。但不要把单位写在数字后。

(3)表中数据要正确反映测量结果的有效数字和不确定度。列入表中的除原始数据外，计算过程中的一些中间结果和最后结果也可以列入表中。

(4)表格要加上必要的说明。实验时所给的数据或查得的单项数据应列在表格的上部，说明写在表格的下部。

1.4.2　作图法

作图法是在坐标纸上用图线表示物理量之间的关系，揭示物理量之间的联系。作图

法具有简明、形象、直观、便于比较研究实验结果等优点，它是一种最常用的数据处理方法。作图法的基本规则是：

（1）根据函数关系选择适当的坐标纸（如直角坐标纸，单对数坐标纸，双对数坐标纸，极坐标纸等）和比例，画出坐标轴，标明物理量符号、单位和刻度值，并写明测试条件。

（2）坐标的原点不一定是变量的零点，可根据测试范围加以选择。坐标分格最好使最低数字的一个单位可靠数与坐标最小分度相当。纵横坐标比例要恰当，以使图线居中。

（3）描点和连线。根据测量数据，用直尺和笔尖使其函数对应的实验点准确地落在相应的位置。一张图纸上画上几条实验曲线时，每条图线应用不同的标记如"+""×""−""Δ"等符号标出，以免混淆。连线时，要顾及数据点，使曲线呈光滑曲线（含直线），并使数据点均匀分布在曲线（直线）的两侧，且尽量贴近曲线。个别偏离过大的点要重新审核，属于过失误差的应剔除。

（4）标明图名，即做好实验图线后，应在图纸下方或空白的明显位置处，写上图的名称、作者和作图日期，有时还要附上简单的说明，如实验条件等，使读者一目了然。作图时，一般将纵轴代表的物理量写在前面，横轴代表的物理量写在后面，中间用"−"连接。

（5）最后将图纸贴在实验报告的适当位置，便于教师批阅实验报告。

1.4.3 图解法

在力学实验中，实验图线作出以后，可以由图线求出经验公式。图解法就是根据实验数据作好的图线，用解析法找出相应的函数形式。实验中经常遇到的图线是直线、抛物线、双曲线、指数曲线、对数曲线。特别是当图线是直线时，采用此方法更为方便。

1. 经验直线方程的建立

由实验图线建立直线经验公式的一般步骤：

（1）根据解析几何知识判断图线的类型。

（2）由图线的类型判断公式的可能特点。

（3）利用半对数、对数或倒数坐标纸，把原曲线改为直线。

（4）确定常数，建立起经验公式的形式，并用实验数据来检验所得公式的准确程度。

（5）用直线图解法求直线的方程。

如果作出的实验图线是一条直线，则经验公式应为直线方程

$$y = kx + b \tag{1-11}$$

要建立此方程，必须求出 k 和 b，一般采用斜率截距法。

在图线上选取两点 $P_1(x_1, x_1)$ 和 $P_2(x_2, x_2)$，注意不得用原始数据点，而应从图线上直接读取，其坐标值最好是整数值。所取的两点在实验范围内应尽量彼此分开一些，以减小误差。

由解析几何知，直线方程式(1-11)中，k 为直线的斜率，b 为直线的截距。k 可以根据两点的坐标求出，

$$k = \frac{y_2 - y_1}{x_2 - x_1} \tag{1-12}$$

截距 b 为 $x=0$ 时的 y 值，若原实验中所绘制的图形并未给出 $x=0$ 段直线，可将直线用虚线延长交 y 轴，则可量出截距。如果起点不为零，也可以由式

$$b = \frac{x_2 y_1 - x_1 y_2}{x_2 - x_1} \tag{1-13}$$

求出截距，求出斜率和截距的数值代入式(1-11)中就可以得到经验公式。

2. 曲线改直，曲线方程的建立

在许多情况下，函数关系是非线性的，但可通过适当的坐标变换转换呈线性关系，在作图法中用直线表示，这种方法叫作曲线改直。做这样的变换不仅是由于直线容易描绘，更重要的是直线的斜率和截距所包含的物理内涵是我们所需要的。例如：

(1) $y = ax^b$，式中 a、b 为常量，可变换成 $\lg y = b\lg x + \lg a$，$\lg y$ 为 $\lg x$ 的线性函数，斜率为 b，截距为 $\lg a$。

(2) $y = ab^x$，式中 a、b 为常量，可变换成 $\lg y = (\lg b)x + \lg a$，$\lg y$ 为 x 的线性函数，斜率为 $\lg b$，截距为 $\lg a$。

(3) $PV = C$，式中 C 为常量，要变换成 $P = C(1/V)$，P 是 $1/V$ 的线性函数，斜率为 C。

(4) $y^2 = 2px$，式中 p 为常量，$y = \pm\sqrt{2p}x^{1/2}$，y 是 $x^{1/2}$ 的线性函数，斜率为 $\pm\sqrt{2p}$。

(5) $y = x/(a+bx)$，式中 a、b 为常量，可变换成 $1/y = a(1/x) + b$，$1/y$ 为 $1/x$ 的线性函数，斜率为 a，截距为 b。

(6) $s = v_0 t + at^2/2$，式中 v_0、a 为常量，可变换成 $s/t = (a/2)t + v_0$，s/t 为 t 的线性函数，斜率为 $a/2$，截距为 v_0。

【例 1-2】在恒定温度下，一定质量的气体的压强 P 随容积 V 而变，画 P-V 图为一双曲线型，如图 1-1 所示，进行曲线改直分析。

解：用坐标轴 $1/V$ 置换坐标轴 V，则 P-$1/V$ 图为一直线，如图 1-2 所示。直线的斜率为 $PV = C$，即玻-马定律。

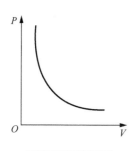

图 1-1　P-V 曲线

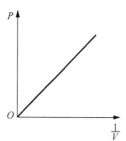

图 1-2　P-$1/V$ 直线

【例 1-3】单摆的周期 T 随摆长 L 而变，绘出 T-L 实验曲线为抛物线型，如图 1-3 所示，进行曲线改直分析。

解：若作 T^2-L 图则为一直线型，如图 1-4 所示。斜率 $k = \dfrac{T^2}{L} = \dfrac{4\pi^2}{g}$，由此可写出单摆的周期公式：$T = 2\pi\sqrt{\dfrac{L}{g}}$。

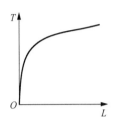

图 1-3 T-L 曲线

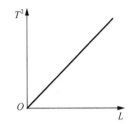

图 1-4 T^2-L 直线

1.4.4　逐差法

对随等间距变化的物理量 x 进行测量，并且函数可以写成 x 的多项式时，可用逐差法进行数据处理。

例如，一空载长为 x_0 的弹簧，逐次在其下端加挂质量为 m 的砝码，测出对应的长度 x_1, x_2, $\cdots$, x_5，为求每加一单位质量的砝码的伸长量，可将数据按顺序对半分成两组，使两组对应项相减，则有

$$\frac{1}{3}\left[\frac{(x_3 - x_0)}{3m} + \frac{(x_4 - x_1)}{3m} + \frac{(x_5 - x_2)}{3m}\right] = \frac{1}{9m}\left[(x_3 + x_4 + x_5) - (x_0 + x_1 + x_2)\right] \qquad \text{(a)}$$

这种对应项相减的方法即逐项求差法，简称逐差法。它的优点是尽可能多地利用各测量量，而又不减少结果的有效数字位数，是实验中常用的数据处理方法之一。

注意：逐差法与作图法一样，都是一种粗略处理数据的方法，在普通力学实验中，经常要用到这两种基本的方法。在使用逐差法时要注意以下几个问题：

(1) 在验证函数的表达式的形式时，要用逐项逐差，不用隔项逐差。这样可以检验每个数据点之间的变化是否符合规律。

(2) 在求某一物理量的平均值时，不可用逐项逐差，而要用隔项逐差。否则中间项数据会相互消去，而只用到首尾项，造成许多数据的浪费。

如式 (a)，若采用逐项逐差法 (相邻两项相减的方法) 求伸长量，则有

$$\frac{1}{5}\left[\frac{(x_1 - x_0)}{m} + \frac{(x_2 - x_1)}{m} + \cdots + \frac{(x_5 - x_4)}{m}\right] = \frac{1}{5m}\left[(x_5 - x_0)\right]$$

可见只有 x_0、x_5 两个数据起作用，没有充分利用整个数据组，失去了在大量数据中求平均值以减小误差的作用，是不合理的。

1.4.5 最小二乘法

作图法虽然在数据处理中是一个很便利的方法，但在图线的绘制上往往会引入附加误差，尤其在根据图线确定常数时，这种误差有时很明显。为了克服这一缺点，在数理统计中研究了直线拟合问题(或称一元线性回归问题)，常用一种以最小二乘法为基础的实验数据处理方法。由于某些曲线的函数可以通过数学变换改写为直线，例如对函数 $y = ae^{-bx}$ 取对数得 $\ln y = \ln a - bx$，$\ln y$ 与 x 的函数关系就变成直线型了。因此这一方法也适用于某些曲线型的规律。

下面就数据处理问题中的最小二乘法原则作一简单介绍。

设某一实验中，可控制的物理量取 $x_1, x_2, \cdots, x_n$ 值时，对应的物理量依次取 $y_1, y_2, \cdots, y_n$ 值。假定对 x_i 值的观测误差很小，而主要误差都出现在 y_i 的观测上。显然如果从 (x_i, y_i) 中任取两组实验数据就可得出一条直线，只不过这条直线的误差有可能很大。直线拟合的任务，就是用数学分析的方法，从这些观测到的数据中求出一个误差最小的最佳经验式 $y = a + bx$。按这一最佳经验公式作出的图线虽不一定能通过每一个实验点，但是能以最接近这些实验点的方式平滑地穿过它们。很明显，对应于每一个 x_i 值，观测值 y_i 和最佳经验式的 y 值之间存在一偏差 δ_{yi}，称它为观测值 y_i 的偏差，即

$$\delta_{yi} = y_i - y = y_i - (a + bx_i) \qquad (i=1,2,3,\cdots,n) \qquad (1\text{-}14)$$

最小二乘法的原理就是：如各观测值 y_i 的误差互相独立且服从同一正态分布，当 y_i 的偏差的平方和为最小时，得到最佳经验式。根据这一原则可求出常数 a 和 b。

设以 S 表示 δ_{yi} 的平方和，它应满足

$$S = \sum (\delta_{yi})^2 = \sum \left[y_i - (a + bx_i) \right]^2 = \min \qquad (1\text{-}15)$$

上式中的 y_i 和 x_i 是测量值，都是已知量，而 a 和 b 是待求的，因此 S 实际是 a 和 b 的函数。令 S 对 a 和 b 的偏导数为零，即可解出满足式 (1-15) 的 a、b 值。

$$\frac{\partial S}{\partial a} = -2 \sum (y_i - a - bx_i) = 0, \qquad \frac{\partial S}{\partial b} = -2 \sum (y_i - a - bx_i)x_i = 0$$

即

$$\sum y_i - na - b \sum x_i = 0, \qquad \sum x_i y_i - a \sum x_i - b \sum x_i^2 = 0 \qquad (1\text{-}16)$$

其解为

$$a = \frac{\sum x_i y_i \sum x_i - \sum y_i \sum x_i^2}{\left(\sum x_i\right)^2 - n \sum x_i^2}, \qquad b = \frac{\sum x_i \sum y_i - n \sum x_i y_i}{\left(\sum x_i\right)^2 - n \sum x_i^2} \qquad (1\text{-}17)$$

将得出的 a 和 b 代入直线方程，即得到最佳的经验公式 $y = a + bx$。

上面介绍了用最小二乘法求经验公式中的常数 a 和 b 的方法，是一种直线拟合法。它在科学实验中的运用很广泛，特别是有了计算器后，计算工作量大大减小，计算精度

也能保证，因此它是很有用又很方便的方法。用这种方法计算的常数值 a 和 b 是"最佳的"，但并不是没有误差，它们的误差估算比较复杂。一般地说，若一列测量值的 δ_{yi} 大（y_i 实验点对直线的偏离大），那么由这列数据求出的 a、b 值的误差也大，由此定出的经验公式可靠程度就低；如果一列测量值的 δ_{yi} 小（y_i 实验点对直线的偏离小），那么由这列数据求出的 a、b 值的误差就小，由此定出的经验公式可靠程度就高。直线拟合中的误差估计问题比较复杂，可参阅其他资料，本书不作介绍。

为了检查实验数据的函数关系与得到的拟合直线符合的程度，数学上引进了线性相关系数 r 来进行判断。r 定义为

$$r = \frac{\sum \Delta x_i \Delta y_i}{\sqrt{\sum (\Delta x_i)^2 \cdot \sum (\Delta y_i)^2}} \tag{1-18}$$

式中，$\Delta x_i = x_i - \bar{x}$，$\Delta y_i = y_i - \bar{y}$。$r$ 的取值范围为 $-1 \leqslant r \leqslant 1$。从相关系数的这一特性可以判断实验数据是否符合线性。如果 r 很接近于 1，则各实验点均在一条直线上。实验中 r 如达到 0.999，就表示实验数据的线性关系良好，各实验点聚集在一条直线附近；相反，相关系数 $r=0$ 或趋近于零，说明实验数据很分散，无线性关系。因此用直线拟合法处理数据时要算相关系数，具有二维统计功能的计算器有直接计算 r 及 a、b 的功能。

思 考 题

1-1 对某一杆件进行强度实验，测量 10 次，前 4 次是和一个标准杆件比较得到的，后 6 次是和另一个标准杆件比较得到的，测得结果如下（单位：N）。

前 4 次：51.82，51.83，51.87，51.89；

后 6 次：51.78，51.78，51.75，51.85，51.86，51.81。

试判断前 4 次与后 6 次测量中是否存在系统误差？

1-2 指出下列各量是几位有效数字，测量所选用的仪器及其精度是多少？

(1) 64.74 cm；　　　　(2) 0.402 cm；　　　　(3) 0.0300 cm；

(4) 2.0000 kg；　　　　(5) 0.035 cm；　　　　(6) 1.45℃；

(7) 13.6 s；　　　　(8) 0.0303 s；　　　　(9) 1.540×10⁻³ m

1-3 试用有效数字运算法则计算出下列各式的结果。

(1) 108.50-2.4；　　　　(2) 274.5÷0.1；　　　　(3) 2.50÷0.500-2.29；

(4) 60.0×(18.40-16.4)

(5) $V = \dfrac{\pi d^2 h}{4}$，已知 $h=0.005$ m，$d=14.984×10^{-3}$ m，计算 V。

1-4 改正下列错误，写出正确答案。

(1) $L=0.03040$ km 的有效数字是 5 位；

(2) $d=13.445 \pm 0.02$ cm；

(3) h=29.1×10^4 ± 2000 km；

(4) R=7472 km=7472000 m=7372000000 cm。

1-5　已知测量方差如下：

$$y_1=x_1$$
$$y_2=x_2$$
$$y_3=x_1+x_2$$

而 y_1、y_2、y_3 的测量结果分别为 l_1=5.26 mm，l_2=4.94 mm，l_3=10.14 mm。试给出 x_1、x_2 的最小二乘估计。

第 2 章　理论力学实验

2.1　摩擦因数测定实验

1. 实验目的

(1) 掌握动滑动摩擦因数测定的实验原理；

(2) 掌握动滑动摩擦因数测试的方法；

(3) 对比不同材料相对滑动时的摩擦因数。

2. 实验设备

(1) 理论力学多功能实验台摩擦因数测定装置；

(2) 滑动试块。

3. 实验原理

假定质量为 m 的滑块沿倾角为 θ 的斜面以加速度 a 滑下，动滑动摩擦因数为 f_d。对滑块进行受力分析可得图 2-1 所示受力图，列平衡方程：

$$\sum Y = 0 ; \qquad F_N = mg\cos\theta$$
$$\sum X = ma ; \qquad ma = mg\sin\theta - F_N f_d$$

得
$$f_d = \tan\theta - \frac{a}{g\cos\theta} \tag{2-1}$$

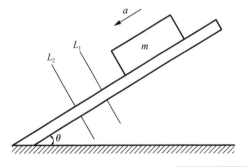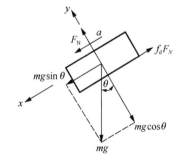

图 2-1　摩擦实验装置

为了测定加速度 a 的大小，在斜面板上安装有两个光电门，在每个滑块上设置有左、右两个挡光片，宽度为 50mm。设左挡光片通过第一个光电门的时间为 t_1，滑块速度为 v_1；通过第二个光电门的时间为 t_2，速度为 v_2。滑块左挡光片通过两个光电门的时间间隔为 t_3，如图 2-2 所示。

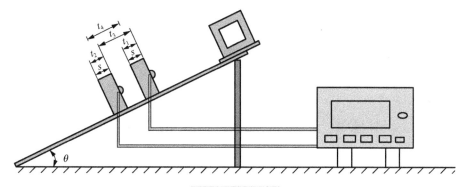

图 2-2　光电装置

为了采用挡光片的中心速度代表滑块的速度，对 t_3 修正为 t_4

$$v_1 = \frac{s}{t_1}, \qquad v_2 = \frac{s}{t_2}, \qquad t_4 = t_3 - \frac{t_1}{2} + \frac{t_2}{2}$$

则 $a = \dfrac{v_2 - v_1}{t_4}$，得

$$f_d = \tan\theta - \frac{s(t_1 - t_2)}{t_1 t_2 t_4 g \cos\theta} \tag{2-2}$$

实验时通过光电门自动采集时间 t_1、t_2 和 t_3，读取斜面板的倾角 θ，即可计算出动滑动摩擦因数的大小。

4．实验步骤

(1)调节斜面倾角，确保滑块能顺利下滑，记录角度值。

(2)打开系统电源开关，单击触摸屏中央进入用户界面，输入用户名与密码，进入主菜单，单击"摩擦因数实验"进入测试界面。

(3)先按"复位"键，将表格中数据清零，再按"开始"按钮，"运行"开始闪烁，仪器进入数据采集准备状态。

(4)将滑块放在斜面高端，松手让其自由滑落，系统显示 t_1、t_2、t_3，记录数据到报告表格中。

(5)再按"开始"按钮，进行第二次实验，重复实验步骤(4)，共测量 10 次。

(6)更换实验材料，重复实验步骤(5)。

(7)关机，整理复原实验设备。

5．注意事项

(1)调整斜面倾角时，不要用力过猛，也不必刻意将其调整到特殊角度(如 30°)，但应保证滑块能够顺利滑下。

(2)每次滑块滑行前要保证斜面清洁。测试完毕后检查数据是否有效，无效数据舍去，重做一次。

(3)实验中单击"运行"按钮后，身体各部位不要做切割激光的动作。

6. 思考题

(1) 摩擦因数与哪些影响因素有关？

(2) 试分析可能引起误差的原因。

(3) 是不是所有材料的最大静摩擦力都可以近似看成等于滑动摩擦力。

2.2　刚体基本运动特性分析和机构认知实验

1. 实验目的

(1) 观察并动手组装几种常见的运动机构，增加对运动机构的感知认识，培养动手能力，激发学习兴趣；

(2) 分析典型刚体曲线平动与刚体定轴转动的区别，加深对这两种刚体基本运动的认识；

(3) 初步认识刚体的平面运动，理解角速度的意义；

(4) 培养学生从机构模型中抽象出运动机构的能力。

2. 实验设备

各类机器、机构模型陈列柜。

3. 实验原理和内容

1) 刚体平动

(1) 刚体平动时其上任一直线始终与原位置保持平行；平动刚体上各点的速度、加速度、轨迹相同。

(2) 刚体平动时可以归结为点的运动。

2) 刚体定轴转动

(1) 刚体定轴转动时，其上有一固定不动的轴线，确定刚体在空间的位置用转角 φ 表示，刚体转动快慢及方向用角速度 ω 和角加速度 α 表示。

(2) 定轴转动刚体除转轴上的点外，其余各点均做圆周运动，可以选用自然坐标法研究各点的运动。

3) 刚体的平面运动

(1) 刚体平面运动时，其上各点到某固定平面的距离始终保持不变，刚体平面运动可以简化为平面图形在其自身平面内的运动。

(2) 刚体平面运动可以分解为随基点的平动和相对基点的转动。

4) 运动机构认知

机构由机架、原动件和从动件三部分组成，其中固定不动的构件为机架，运动规律给定的构件为原动件，原动件由电动机驱动做等速运动，其余的活动构件则为从动件。

本实验所要研究的四种基本机构如下：

(1)平面连杆机构；

(2)凸轮机构；

(3)齿轮机构；

(4)停歇和间歇运动机构。

4．注意事项

(1)不要用手人为拨动构件。

(2)不要随意按动控制面板上的按钮。

(3)遵守实验室规则，规范操作，注意安全。

5．思考题

(1)用矢量法分析刚体平动时，其上各点速度、加速度的关系。

(2)归纳研究刚体平动的方法。

(3)用自然坐标法分析定轴转动刚体上任一点 M 的速度、加速度。

(4)平面运动刚体上任一直线与原位置间的关系如何？平面运动刚体上各点轨迹形状怎样？平面运动如何分解？

(5)选择 2～3 种机构模型(自选，其中至少有一种机构包括刚体平动、定轴转动、平面运动)，画出其运动简图。

(6)举例说明刚体运动形式在日常生活中的应用。

6．实验报告要求

(1)实验报告用实验报告纸书写，写上姓名、学号、班级、实验日期。

(2)写出实验目的。

(3)写出实验原理。

(4)列举实验设备中常用机构的类型。

2.3　复合运动分析实验

1．实验目的

(1)借助教具和计算机软件，对一些典型机构进行复合运动分析，掌握合成运动分析中动点、动系的选择技巧和一般原则，并加深对动系、相对运动、牵连点等概念的理解；

(2)通过在基点上建立随基点运动的平动坐标系，掌握平面运动的分解运动及其分解运动的特性；

(3)将一些教具装置抽象为机构运动分析，并初步掌握运动机构力学模型的抽象。

2．实验设备

(1)DJ－1 型多功能运动分析组合教具；

(2)DJ－1 型运动分析软件。

3．实验原理与方法

1)合成运动

合成法是求解运动的一种方法，将一般的机构运动通过选动点、动系、静系构成复合运动，然后用复合运动的概念求解。求解过程如下。

(1)三种运动分析。

绝对运动：动点相对静系的运动。

牵连运动：动系相对静系的运动。

相对运动：动点相对动系的运动。

一般情况下，相对运动分析比较抽象，是三种运动分析中的难点。

(2)速度分析。

速度合成定理：
$$v_a = v_e + v_r \tag{2-3}$$

v_a：动点相对静系的速度，称为绝对速度。

v_r：动点相对动系的速度，称为相对速度。

v_e：牵连点相对静系的速度，称为牵连速度，而牵连点是某瞬时动系上与动点相重合的那一点。

在速度分析中，有时因对动系认识的局限性，常因找不到牵连点而使牵连速度分析成为难点。利用速度合成定理，一般只能求解 2 个未知量，而其余的 4 个运动量要通过合理的选择动点、动系来分析。一般来说，对于一个运动机构，动点、动系的选择有多种情况，但是能用复合运动概念求解的，多数机构只有一种情况，即动点、动系的选择要使相对运动简单明了。所以，选动点、动系是一个技巧性很强的问题。

DJ－1 型多功能运动分析组合教具及计算机分析软件对于常见的典型机构，能根据操作者的意图随意组装出各种情况下的动点、动系，画出其相对运动轨迹，显示出任一瞬时动点、牵连点，让学生通过分析、比较，合理地选择动点、动系，进行合成运动分析，并掌握其分析规律和选择动点、动系的技巧，并加深对有关概念的理解。

2)平面运动

刚体平面运动是一种比较复杂的运动，可通过在基点上建立随基点运动的平动坐标系，利用复合运动的概念进行分析，即

平面运动 ⇔ 随基点的平动＋相对基点的转动

其中平动与基点的选择有关,而相对基点转动的角速度与角加速度却与基点的选择无关。理解平面运动的分解后，其上各点速度和加速度的分析，可采用点的速度合成定理和加速度合成定理来进行。

3) 从教具装置中抽象运动机构模型

一些机构组装成形后，从外形上看与原机构不太一样，而同一教具装置又可抽象出多种运动机构。利用本实验，一方面可初步学习运动机构力学模型的抽象，另一方面可深化对基本运动概念的理解。

4. 实验步骤

(1) 先在草稿纸上徒手绘制机构示意图，标注出必要的运动学尺寸，再按适当比例画成正规的机构运动简图，如果只要求画机构示意图可不进行测量，这时可凭目测使简图中构件的尺寸与实物大致成比例。

(2) 对上述机构进行结构分析(拆分杆组、确定机构的级别)。

5. 思考题

(1) 机械运动简图有什么用途？一个正确的机构运动简图应能说明哪些内容？

(2) 绘制机构运动简图时，原动构件的位置为什么可以任意选定？会不会影响运动简图的正确性？

(3) 零件与构件的区别是什么？

(4) 分析机构的级别有何意义？你对机构的组成原理有何认识？

2.4　转动惯量实验

转动惯量是描述刚体在转动中的惯性的物理量，是描述刚体动力特性的重要物理量。转动惯量越大，保持原有转动状态的惯性就越大，反之保持原有转动状态的惯性就越小。转动惯量跟刚体的质量分布、几何形状以及转轴的位置有关。在实际应用中，求刚体的转动惯量的意义是十分重要的，如在机械工程、航天工程、土木工程、生物工程等领域转动惯量的求解问题都是广泛存在的。

对于形状简单规则、质量均匀的刚体，可以推出转动惯量的计算公式；而对于形状复杂、质量分布不均匀的刚体，利用理论计算很难得到转动惯量，所以在工程实践中，需要用实验测试方法求解转动惯量。为此，人们探究出很多测试方法，如落体法、复摆法、扭振法等。三线摆方法就是扭振法的一种，相对于落体法、复摆法等方法而言，用三线摆法测试物体转动惯量时有实验条件易于满足、受阻尼影响比较小、精度高等优点。因此，这种方法的应用十分广泛。但同时也存在测试误差。

本实验介绍如何利用三线摆运动测量刚体转动惯量。

1. 实验目的

(1) 掌握用三线摆测量转动惯量的原理和方法，熟悉秒表、游标卡尺等基本仪器的使用方法；

(2)理解实验原理，学习测定不同质量与半径的均质圆盘、圆柱等规则刚体的转动惯量的方法，并与理论值进行比较；

(3)测定非均质几何结构、非对称的复杂结构刚体的转动惯量，学习正确测量周期的方法。

2．实验设备

(1)ZME-1 型多功能实验台；

(2)三线扭摆；

(3)水准器，秒表，卷尺，游标卡尺，电子秤，配制螺帽、圆柱铁块、圆环等物体。

3．实验原理

如图 2-3(a)所示三线摆，三根长度均为 l 的竖直绳子，等距离与圆盘相连。三点连线 ABC 为一等边三角形。已知匀质、等厚度圆盘质量为 M_0，半径为 R，绕中心竖直轴的转动惯量为 J_0，单独做振动时的周期为 T_0。下面通过圆盘的扭转振动周期求出 J_0。

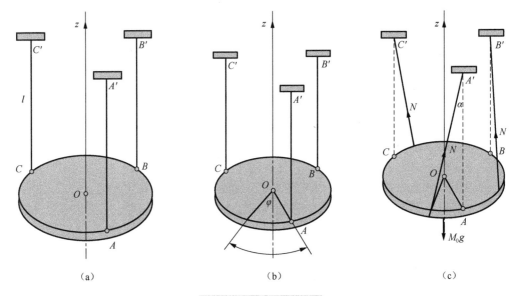

(a)　　　　　　　　　　(b)　　　　　　　　　　(c)

图 2-3　三线摆原理简图

现使圆盘绕通过盘心的竖直 Oz 轴做微小转动，由于重力和悬线拉力的共同作用，圆盘在转动的同时其水平高度还会发生周期性变化，形成一个扭转振动。建立振动周期与转动惯量之间的关系，通过测量振动周期，就可以测量出圆盘的转动惯量。圆盘在竖直方向的运动距离是转角的二级小量，可以不计。因此在微振动时，可以作刚体绕定轴转动处理。设圆盘绕 z 轴转过微小角度 φ，如图 2-3(b)所示，则根据图 2-3(c)可得

$$R\varphi = l\sin\alpha$$

因此可知
$$\sin\alpha = \frac{R\varphi}{l} \tag{2-4}$$

设绳子的张力大小为 N, 由竖直方向平衡方程 $3N\cos\alpha = M_0 g$ 得出

$$N \approx \frac{M_0 g}{3} \tag{2-5}$$

圆盘周边切线方向上的分量为

$$F^\tau = N\sin\alpha = \frac{NR\varphi}{l} \tag{2-6}$$

此三个力对 Oz 轴的力矩为

$$M_z = -3F^\tau R = -\frac{3NR^2\varphi}{l} \tag{2-7}$$

于是, 转动微分方程为

$$J_0\ddot{\varphi} + \frac{M_0 g R^2}{l}\varphi = 0 \tag{2-8}$$

所以微振动周期为

$$T_0 = 2\pi\sqrt{\frac{J_0 l}{M_0 g R^2}} \tag{2-9}$$

则扭摆的转动惯量为

$$J_0 = \left(\frac{T_0}{2\pi}\right)^2 \frac{M_0 g R^2}{l} \tag{2-10}$$

若在圆盘上放一质量为 M_1 的物体, 它绕中心竖直轴的转动惯量为 J_1。根据转动惯量, 定义圆盘与物体的转动惯量为

$$J = J_0 + J_1 \tag{2-11}$$

圆盘与物体一起微振动时 $M = M_0 + M_1$, 由式 (2-9) 可得出周期为

$$T = 2\pi\sqrt{\frac{Jl}{MgR^2}} \tag{2-12}$$

将式 (2-9) 和式 (2-12) 代入式 (2-11), 消去 J_0 和 J, 最后可得质量为 M_1 的物体的转动惯量为

$$J_1 = \frac{gR^2}{4\pi^2 l}(MT^2 - M_0 T_0^2) \tag{2-13}$$

根据式 (2-9) 和式 (2-12), 可以通过实验方法分别测出 M_0、T_0 以及 M、T, 从而算出圆盘的转动惯量 J_0 和被测物体的转动惯量 J_1。

如果吊线到圆盘中心的距离为 r, 自行证明圆盘的转动惯量的计算公式为

$$J_0' = \left(\frac{T_0'^2}{2\pi}\right)\frac{M_0 g r^2}{l} \tag{2-14}$$

实验结果表明, l 不同误差将不同, 一般在 $l \geqslant 600\text{mm}$ 的情况下, 误差小于 5%。

然后在圆盘上放一物体, 测出相关物理量, 按照上述方法推导出被测物体的转动惯量公式。

4．实验步骤

(1)三根平行线悬吊匀质圆盘，用水准仪调节圆盘水平，用卷尺测量悬线的长度 l，用游标卡尺测量圆盘直径，要防止卡尺刀口割损悬线。

(2)启动圆盘使其扭转摆动(给一个小于 5° 的初始扭转角)，且圆盘不能左右晃动。

(3)秒表使用前，应弄清功能和使用方法，先试用几次后再测量，且在测量 50 次摆动的总时间时，连续 3 次的读数应相差在 1s 以内。

(4)测得扭转振动周期 T_0，通过秒表测量三线摆的周期。为减小测量误差，采取测量 10 个连续周期的总时间 t，然后取平均值 $T_n=t/10$，总共测量 3 次后得 $T_0=(T_1+T_2+T_3)/3$。

(5)改变线长 l，测量不同线长情况下的周期，代入公式(2-9)计算圆盘转动惯量。

(6)接下来测量圆柱的主转动惯量，用游标卡尺测量圆柱直径，用天平或电子秤测量圆柱质量，再重复步骤(1)～(5)。

5．实验数据

1)记录三线摆参数

(1)圆盘悬线点离中心轴距离：$r=38mm$；

(2)圆盘质量：$M_0=312g$；

(3)圆盘直径：$R=100mm$；

(4)分别测出规则和不规则物体的质量。

2)测量记录与数据处理

(1)周期 T_0 的测量。

(2)改变线长 l，测量不同线长情况下的周期，计算转动惯量，并与理论值相比较计算误差。

线长 l/mm	300	400	500	600	700
周期 T_0/s					
转动惯量 J_0/(kg·m²)					
误差/%					

(3)按照上述两步测量圆柱和圆环的转动惯量，并与理论值相比较。

线长 l/mm	300	400	500	600	700
周期 T_1/s					
转动惯量 J/(kg·m²)					
误差/%					

6．思考题

(1)公式 $J_0=\left(\dfrac{T_0}{2\pi}\right)^2\dfrac{M_0gr^2}{l}$ 是依据什么力学原理导出的？有什么条件？实验中如何满足这些条件？

(2) 公式 $J_0 = \left(\dfrac{T_0}{2\pi}\right)^2 \dfrac{M_0 g r^2}{l}$ 和 $J_1 = \dfrac{g R^2}{4\pi^2 l}(M T^2 - M_0 T_0^2)$ 中的物理量,哪些是已知的? 哪些是待测的? 哪一个量对 J_0 和 J_1 的精度影响最大?

(3) 三线摆的振幅受空气阻尼的影响会逐渐变小,它的周期也会随时间变化吗?

(4) 通过计算可以得出绳长 l 对测量误差的影响,请给出自己的结论。

(5) 分析一下本实验可能产生的误差,如何减小这些误差?

(6) 你还有什么好的方法测量物体的转动惯量,说说看你自己的发明。

第3章 材料力学实验

3.1 拉 伸 实 验

拉伸实验是研究材料机械性能最基本、应用最广泛的实验。由于实验方法简单易行，得到的实验数据比较可靠，便于合理地使用材料，保证形体结构、机器零件的强度等。拉伸实验能显示金属材料从变形到破坏全过程的力学特征。

1. 实验目的

(1)测定低碳钢的强度指标(σ_s，σ_b)和塑性指标(δ，ψ)；

(2)测定铸铁的强度极限σ_b；

(3)观察拉伸实验过程中的各种现象，绘制拉伸曲线(F-Δl曲线)；

(4)熟悉试验机和其他相关仪器的使用。

2. 实验设备

(1)电子式万能材料试验机；

(2)游标卡尺。

3. 试件

按国家标准 GB/T 228.1—2010《金属材料室温拉伸试验方法》试件可制成圆形截面或矩形截面，分别如图 3-1 和图 3-2 所示，矩形截面试件的尺寸选择参照表 3-1。

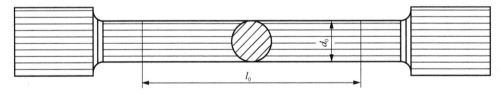

图 3-1 圆形截面标准试件

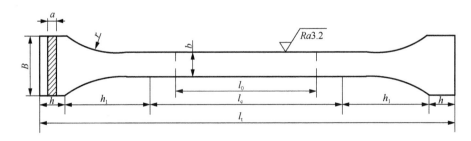

图 3-2 矩形截面标准试件

表 3-1　矩形截面标准试件的尺寸　　　　　　　　　　（单位：mm）

序号	厚度 a	宽度 b	过渡半径 r	原始标距 $l_0 = k\sqrt{S_0}$	平行长度 $l_c = l_0 + 2b$	总长度 $l_t = l_c + 2h_1 + 2h$	B	h_1	h
1	0.7	20	≥20	21.14	61.14	190	30	≥13.23	50
2	0.75	20	≥20	21.88	61.88	190	30	≥13.23	50
3	0.8	20	≥20	22.60	62.60	190	30	≥13.23	50
4	0.85	20	≥20	23.30	63.30	190	30	≥13.23	50
5	0.9	20	≥20	23.97	63.97	195	30	≥13.23	50
6	0.95	20	≥20	24.63	64.63	195	30	≥13.23	50
7	1.0	20	≥20	25.27	65.27	195	30	≥13.23	50
8	1.2	20	≥20	27.68	67.68	195	30	≥13.23	50
9	1.5	20	≥20	30.95	70.95	200	30	≥13.23	50
10	2.0	20	≥20	35.73	75.73	205	30	≥13.23	50
11	2.25	20	≥20	37.90	77.90	205	30	≥13.23	50
12	2.5	20	≥20	37.95	79.95	210	30	≥13.23	50
13	3.0	20	≥20	43.76	59.25	190	30	≥13.23	50
14	4.0	20	≥20	54.00	68.43	200	30	≥13.23	50
15	6.0	20	≥20	61.89	83.80	215	30	≥13.23	50

注：对于厚度 0.1～3.0mm 的薄板和薄带：

(1) 优先采用比例系数 $k=5.65$ 的比例试样，若比例标距小于 15mm，建议采用非比例试样，或用双方约定的 l_0 值。

(2) 头部宽度 B 应至少 20mm，但不超过 40mm。

(3) 平行长度 l_c 应不少于 $l_0+b/2$，有争议时平行长度应为 l_0+2b，除非材料尺寸不足够。

(4) 原始横截面积 ($S_0=ab$) 的测定应准确到 ±2%。

(5) 应用小标记、细划线或细黑线标记原始标距 (l_0)，但不得在引起过早断裂的缺口做标记。

本实验采用圆形截面试件，试件中段用于测量拉伸变形，其长度 l_0 称为标矩。两端较粗部分为夹持部分，安装于试验机夹头中，以便夹紧试件。

实验表明，试件的尺寸和形状对材料的塑性性质影响很大，为了能正确地比较材料力学性能，国家对试件的尺寸和形状都作了标准化规定。直径 $d_0 = 20$mm、标距 $l_0 = 200$mm（$l_0 =10d_0$）或 $l_0 = 100$mm（$l_0 = 5 d_0$）的圆截面试件叫标准试件。如因原料尺寸限制或其他原因不能采用标准试件时，可以用"比例试件"。

4. 实验原理

材料力学性能参数 σ_s、σ_b 和 δ、ψ 是由拉伸破坏实验来测定的。实验时，利用电子式万能材料试验机和计算机可绘出低碳钢拉伸曲线（见图 3-3(a)）和铸铁拉伸曲线（见图 3-3(b)）。应该指出，试验机所绘出的拉伸变形 Δl 是整个试件的伸长(不是标距部分的伸长，如要测定标距部分的变形，需要特殊设备)和试件的滑动。试件开始受力时，夹持部分在夹板内滑动较大，所以绘出的拉伸曲线最初为一段曲线。

对于低碳钢材料，如图 3-3(a)所示，曲线中发现 OA 为直线，说明 F 正比于 Δl，此阶段称为弹性阶段。屈服阶段(BC)常呈锯齿形，表示此时载荷基本不变，但变形增加很快，材料失去抵抗变形的能力，这时产生两个屈服点，其中 B' 点为上屈服点；B 点为下屈服点。下屈服点比较稳定，所以工程上均以下屈服点对应的载荷作为屈服载荷。测定屈服载荷 F_s 时，必须缓慢而均匀地加载，同时还要注意观察指针的波动状况，并应用 $\sigma_s = \dfrac{F_s}{A_s}$ 计算屈服极限。

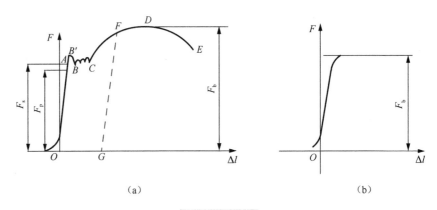

（a） （b）

图 3-3 F-Δl 图

屈服阶段终了后，要使试件继续变形，就必须增加载荷。当材料进入强化阶段，若在此阶段的某点将载荷卸载到零，则在图 3-3(a)上得到一条卸载曲线 FG，并发现它与弹性阶段的直线基本平行。当重新加载时，加载曲线 GF 基本与卸载曲线重合，继续加载到达 F 后，且基本与未经卸载的曲线相同，这就是冷作硬化现象。当载荷达到强度载荷 F_b 后，在试件的某一局部发生显著变形，载荷逐渐减小，指针回转，副针不动。此时副针所指的载荷就是低碳钢拉伸过程中的最大载荷，也就是低碳钢的强度载荷 F_b，应用公式 $\sigma_b = \dfrac{F_b}{A_0}$ 计算强度极限（A_0 为试件变形前的横截面积）。

对于铸铁试件，其在变形极小时，就达到最大载荷而突然发生断裂，这时没有直线、屈服和颈缩现象，只有强化阶段，如图 3-3(b)所示。因此，只要测出强度载荷即可，可应用公式 $\sigma_b = \dfrac{F_b}{A_0}$ 计算铸铁的强度极限 σ_b。

5. 实验步骤

1)试件的准备

在试件中段取标距 $l_0 = 10d_0$ 或 $l_0 = 5d_0$，在标距两端做好标记。对低碳钢试件，用刻线机在标距长度内每隔 10mm 画一圆周线，将标距 10 等分或 5 等分，为断口位置的补偿作准备，如图 3-4 所示。用游标卡尺在标距线附近及中间各取一截面，每个截面沿互相垂直的两个方向各测一次直径取平均值，取这三处截面直径的最小值 d 作为计算试件横截面面积 A_0 的依据。

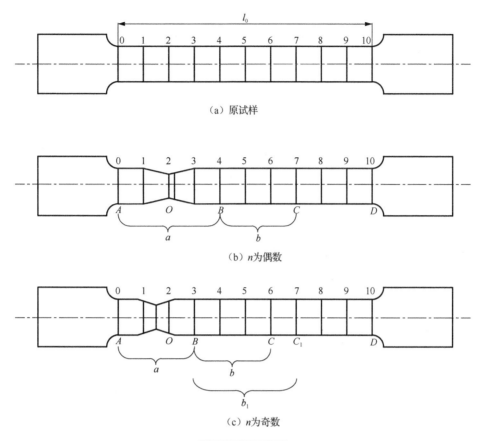

（a）原试样

（b）n 为偶数

（c）n 为奇数

图 3-4　等分试件

根据 GB/T 228.1—2010《金属材料温室拉伸试验方法》"位移法测定断后伸长率"，以符号 A 表示断裂后试样短段的标距标记，以符号 B 表示断裂试样长段的等分标记。如 A 与 B 之间的分格数为 n，当 n 为偶数时，从 B 到距离 $\dfrac{10-n}{2}$ 个分格位置标记为 C，如图 3-4(b) 所示；当 n 为奇数时，从 B 至距离 $\dfrac{10-n-1}{2}$ 和 $\dfrac{10-n+1}{2}$ 个分格位置分别标记为 C 和 C'，如图 3-4(c) 所示。测量 A 与 B 的距离为 a，B 与 C 的距离为 b，B 与 C_1 的距离为 b_1。

2）试验机的准备

首先了解电子万能试验机的基本构造原理，学习试验机的操作规程。

(1) 旋开钥匙开关，启动试验机。

第一步：打开计算机并打开软件；

第二步：连接好试验机电源线及各通信线缆；

第三步：打开钥匙开关。

(2) 连接试验机与计算机。打开计算机进入实验主界面，单击主菜单上【联机】按钮，连接试验机与计算机。

3）安装试件

根据试件形状和尺寸选择合适的夹头，先将试件安装在下夹头上，移动横梁调整夹头间距，将试件另一端装入上夹头夹紧。缓慢加载，观察计算机上实验主界面的显示实验力的情况，以检查试件是否已夹牢，如有打滑则需重新安装。

4）清零及实验条件设定

（1）录入试样。单击主菜单上【试样】，选择实验材料、实验方法、试样形状，输入试验编号、试件原始尺寸。

（2）实验参数设定。单击主菜单上【参数设置】，设定初始实验力值、横梁移动速度（1～3m/min）与移动方向（向上）、实验结束条件等参数。

（3）清零。单击主菜单上的【位移清零】、【变形清零】、【实验力清零】进行清零。

5）进行实验

选定曲线显示类型为"负荷-位移曲线"（不接引伸计）或"负荷-变形曲线"（接引伸计），单击主菜单上的【试验开始】进行实验，实验过程中注意观察曲线的变化情况与试件的各种物理现象。

6）保存结果

单击主菜单上的【数据管理】，进入下级界面，单击【输出】，得到 Excel 形式的数据文件，输入文件名，以"另存为"方式建立曲线数据文件。

7）实验完毕

取出试件，退出实验程序，仪器设备恢复原状。关闭电源，清理现场。检查实验记录是否齐全，并请指导教师签字。

6．实验结果处理

（1）根据测得的屈服载荷 F_s 和最大载荷 F_b，计算屈服极限 σ_s 和强度极限 σ_b。铸铁不存在屈服阶段，故只计算 σ_b，即

$$\sigma_s = \frac{F_s}{A_0} \tag{3-1}$$

$$\sigma_b = \frac{F_b}{A_0} \tag{3-2}$$

式中，A_0 为试件的横截面面积。

（2）根据拉伸前后试件的标距长度和横截面面积，计算出低碳钢的延伸率 δ 和截面收缩率 ψ，即

$$\delta = \frac{l_1 - l_0}{l_0} \times 100\% \tag{3-3}$$

$$\psi = \frac{A_0 - A_1}{A_0} \times 100\% \tag{3-4}$$

式中，A_1 为颈缩处的横截面面积。

(3)画出试件的破坏形状图,并分析其破坏原因。

(4)按规定格式写出实验报告,报告中各类表格、曲线、装置简图和原始数据应齐全。

3.2 压 缩 实 验

压缩实验是研究材料机械性能常用的实验方法。除拉伸实验了解材料的拉伸性能外,有时还需要做压缩实验来了解材料的压缩性能,一般对铸铁、铸造合金、建筑材料等脆性材料进行压缩实验。通过压缩实验观察材料的变形过程、破坏方式,并与拉伸实验进行比较,可以分析不同应力状态对材料强度、刚度的影响,从而对材料的机械性能有较全面的认识。

1. 实验目的

(1)测定压缩时低碳钢的屈服极限σ_s和铸铁的强度极限σ_b;

(2)观察低碳钢和铸铁两种材料在压缩时的变形和破坏现象,并比较和分析原因。

2. 实验设备

(1)电子式万能材料试验机;

(2)游标卡尺。

3. 试件

按国家标准 GB/T 228.1—2010《金属材料室温拉伸试验方法》规定,压杆试样采用圆柱体和正方形柱体等,本实验低碳钢和铸铁取圆柱体试样。为了防止试样失稳,又要使试样中段为均匀单向压缩(距端面小于 $0.5d_0$,受端面摩擦力影响,应力分布不是均匀单向的),其长度一般为 $l=(1\sim3.5)d_0$。对试样两端的不平行度及它们与圆柱轴线的不垂直度也有一定要求,以防止偏心受力引起弯曲而影响实验结果。图 3-5 为圆柱体压缩试样图。

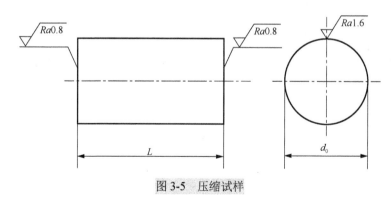

图 3-5 压缩试样

4. 原理与方法

低碳钢是典型的塑性材料,其压缩时的 $F\text{-}\Delta l$ 曲线如图 3-6 所示。在屈服阶段以后,试样横截面积会不断增大，抗压能力不断提高，因而测不到压缩强度极限。

铸铁是典型的脆性材料，在压缩时并无屈服阶段，其 F-Δl 曲线如图 3-7 所示。当对试件加至极限载荷 F_b 时，试件在压缩变形很小时就突然发生断裂破坏，断面与试件轴线的夹角大约为 $45°\sim55°$，这是由于脆性材料的抗剪强度低于抗压强度。

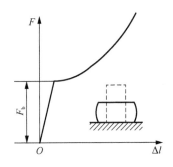

图 3-6 低碳钢压缩曲线

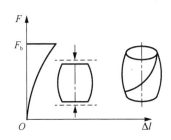

图 3-7 铸铁压缩曲线

一般情况下，铸铁受压与拉伸有明显的差别，压缩时 F-Δl 曲线上虽然没有屈服阶段，但是曲线明显变弯，断裂时有明显的塑性变形，且压缩强度极限远远大于拉伸时的强度极限。

由于试件承受压缩时，上下端面与压头之间有很大的摩擦力，使试件两端的横向变形受到阻碍，故压缩后试件呈鼓形，且导致测得的抗压强度比实际偏高，试件越短，这种影响越明显。但如果试件过长，又容易产生失稳现象，因此抗压能力与试件尺寸 l_0/d_0 有关。由此可见，压缩实验是有条件的，在相同条件下，才能对不同材料的性能进行比较。

实验时，在实验两端面涂润滑剂，以减少摩擦力的影响。当试件两端面稍有不平行时，利用试验机上球形垫板自动调节，保证压力通过试件的轴线。

5. 实验步骤

1）试件的准备

用游标卡尺在试件中点处两个相互垂直的方向测量直径 d_0，取其平均值。

2）试验机的准备

首先了解电子万能试验机的基本构造原理，学习试验机的操作规程。

(1) 旋开钥匙开关，启动试验机。

第一步：打开计算机并打开软件；

第二步：连接好试验机电源线及各通信线缆；

第三步：打开钥匙开关。

(2) 连接试验机与计算机。打开计算机进入实验主界面，单击主菜单上【联机】按钮，连接试验机与计算机。

3）放置试件

将试件尽量准确地放在机器活动承垫中心，使试件承受轴向压力。然后移动横梁向下运动，在试件与上压头将要接触时要特别注意减慢横梁移动速度，使之慢慢接触，以免发生撞击，损坏机器。

4) 清零及实验条件设定

(1) 录入试样。单击主菜单上【试样】，选择实验材料、实验方法、试样形状，输入试验编号、试件原始尺寸。

(2) 实验参数设定。单击主菜单上【参数设置】，设定初始实验力值、横梁移动速度(1～3m/min)与移动方向(向下)、实验结束条件等参数。

(3) 清零。单击主菜单上的【位移清零】、【变形清零】、【实验力清零】进行清零。

5) 进行实验

选定曲线显示类型为"负荷-位移曲线"(不接引伸计)或"负荷-变形曲线"(接引伸计)，单击主菜单上的【实验开始】进行实验，实验过程中注意观察曲线的变化情况与试件的各种物理现象。

6) 保存结果

单击主菜单上的【数据管理】，进入下级界面，单击【输出】，得到 Excel 形式的数据文件输入文件名，以"另存为"方式建立曲线数据文件。

7) 实验完毕

取出试件，退出实验程序，仪器设备恢复原状。关闭电源，清理现场。检查实验记录是否齐全，并请指导教师签字。

6. 实验结果处理

(1) 根据实验记录，利用式(3-1)计算出低碳钢压缩实验的屈服极限 σ_s，利用式(3-2)计算出铸铁压缩实验的强度极限 σ_b。

(2) 画出试件破坏形状图，并分析其破坏原因。

(3) 按规定格式写出实验报告并填写表 3-2、表 3-3。实验报告应书写工整，报告中各类曲线和简图应用铅笔绘制，线条和图注清晰、简洁。

(4) 实验后，试件上若有冶金缺陷(如分层、气泡、夹渣及缩孔等)，应在实验记录及报告中注明。

表 3-2　试件结构和尺寸

实验前			实验后		
试件原始形状图			试件断后形状图		
尺寸 1	低碳钢	铸铁	尺寸	低碳钢	铸铁
平均直径：d_0/mm			最小直径：d_1/mm		—
横截面积：A_0/mm^2			最小截面积：A_1/mm^2		—
标距长度：l_0/mm			断后长度：l_1/mm		

表 3-3　实验数据及计算结果

试件	实验数据		计算结果			
	屈服载荷 F_s/kN	最大载荷 F_b/kN	屈服极限 σ_s/MPa	强度极限 σ_b/MPa	延伸率 δ/%	截面收缩率 ψ/%
低碳钢						
铸铁	—		—			—

3.3　扭　转　实　验

很多传动零件都在扭转条件下工作，测定扭转条件下的机械性能，对零件的设计计算和选材有实际意义。

1．实验目的

(1) 观察低碳钢和铸铁的扭转变形现象及破坏形式；
(2) 测定低碳钢的剪切屈服极限 τ_s 和剪切强度极限 τ_b；
(3) 测定铸铁的剪切强度极限 τ_b。

2．实验设备

(1) 扭转试验机；
(2) 游标卡尺。

3．实验原理

圆柱形试件在扭转时，横截面边缘上任一点处于纯剪切应力状态(见图 3-8)。由于纯剪切应力状态是属于二向应力状态，两个主应力的绝对值相等，大小等于横截面上该点处的剪应力，σ_1 与轴线成 45°角。圆杆扭转时横截面上有最大剪应力，而 45°斜截面上有最大拉应力，由此可以分析低碳钢和铸铁扭转时的破坏原因。由于低碳钢的抗剪强度低于抗拉强度，横截面上的最大剪应力引起试件沿横截面剪断破坏。而铸铁抗拉强度低于抗剪强度，试件由与杆轴线成 45°的斜截面上的 σ_1 引起拉断破坏。

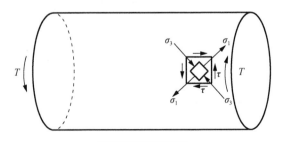

图 3-8　圆轴扭转

在低碳钢试件受扭过程中，利用机器上的自动绘图器装置得到 T-φ 曲线，T-φ 曲线也叫扭转图，如图 3-9 所示。图中起始直线段 OA 表示试件在这个阶段中的 T_p 与 φ 成比例，截面上的剪应力是线性分布，如图 3-10(a)所示。此时截面周边上的剪应力达到了材料的剪切屈服极限 τ_s，相应的扭矩记为 T_s。由于这时截面内部的剪应力小于 τ_s，故试件仍具有承载能力，T-φ 曲线呈继续上升的趋势。扭矩超过 T_p 后，截面上的剪应力分布不再是线性的，如图 3-10(b)所示。在截面上出现了一个环状塑性区，并随着 T 的增长，塑性区逐步向中心扩展，T-φ 曲线稍微上升，直至 B 点趋于平坦，截面上各点材料完全达到屈服，扭矩度盘上的指针几乎不动或指针摆动的最小值即为屈服扭矩 T_s，如图 3-10(c)所示。

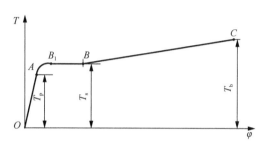

图 3-9　低碳钢材料的 T-φ 图

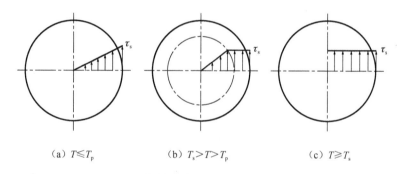

（a）$T \leqslant T_p$　　　　　（b）$T_s > T > T_p$　　　　　（c）$T \geqslant T_s$

图 3-10　剪应力分布图

根据静力平衡条件，可以求得 τ_s 与 T_s 的关系为

$$T_s = \int_A \rho \tau_s \mathrm{d}A \tag{3-5}$$

将式中 $\mathrm{d}A$ 用环状面积元素 $2\pi\rho\mathrm{d}\rho$ 表示，则有

$$T_s = \int_0^{\frac{d}{2}} 2\pi\tau_s\rho^2\mathrm{d}\rho = \frac{\pi d^3}{12}\tau_s = \frac{4}{3}W_t\tau_s \tag{3-6}$$

故剪切屈服极限为

$$\tau_s = \frac{3}{4}\cdot\frac{T_s}{W_t} \tag{3-7}$$

式中，$W_t = \dfrac{\pi d^3}{16}$ 是实心试件的抗扭截面模量。

继续给试件加载，试件再继续变形，材料进一步强化。从图 3-9 看出，当扭矩超过 T_s 后，φ 增加很快，而 T_s 增加很小，BC 近似一根不通过坐标原点的直线。在 C 点时，试件被剪断，由测力度盘上的副针可读出最大扭矩 T_b，可得剪切强度极限为

$$\tau_b = \frac{3}{4} \cdot \frac{T_b}{W_t} \tag{3-8}$$

但是，为了实验结果相互之间的可比性，根据国标 GB/T 10128—2007 规定，低碳钢扭转屈服点和抗扭强度采用式(3-9)和式(3-10)计算

$$\tau_s = \frac{T_s}{W_t} \tag{3-9}$$

$$\tau_b = \frac{T_b}{W_t} \tag{3-10}$$

铸铁材料的 T-φ 曲线如图 3-11 所示，从开始受扭直到破坏，近似为一直线，故近似地按弹性应力公式计算

$$\tau_b = \frac{T_b}{W_t} \tag{3-11}$$

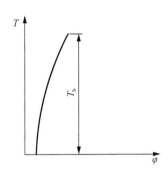

图 3-11　铸铁材料的 T-φ 图

4．实验步骤

(1)试件准备：测量试件直径 d_0，取 3 个截面，每个截面相互垂直的方向测两次后取其平均值。同时在低碳钢和铸铁试件表面画上一条纵向线和两条圆周线，以便观察扭转变形。

(2)试验机准备：根据剪切强度 τ_b 估计最大扭矩 T_b，并选择合适的测力度盘。

(3)加载实验。

(4)实验完毕，仪器设备恢复原状，清理现场，检查实验记录是否齐全，并请指导教师签字。

5．实验结果处理

(1)计算低碳钢材料扭转的屈服极限和强度极限。

(2)计算铸铁材料扭转的强度极限。

(3)画出两种材料的扭转曲线及断口草图，说明其特征并分析破坏原因。

（4）按规定格式写出实验报告。报告中的各类表格、曲线、装置简图和原始数据应齐全。

3.4　冲　击　实　验

冲击载荷是加载速度很高的载荷，例如锻锤、冲床工作时的相关零件都要承受冲击载荷。材料在冲击载荷作用下，其破坏过程一般仍分为弹性、塑性和断裂几个阶段。但是在冲击载荷作用下，材料的机械性能与静载荷有明显的差异。冲击力很难准确测量，冲击载荷一般用能量的形式来表示。通常材料抗冲击的能力用冲击韧性表示，目前冲击韧性一般通过一次摆锤冲击弯曲实验来测定。

1．实验目的

（1）观察分析低碳钢和铸铁两种材料在常温冲击下的破坏情况和断口形貌，并进行比较；

（2）测定低碳钢和铸铁两种材料的冲击韧度 α_k 值；

（3）了解冲击实验方法。

2．实验设备

（1）冲击试验机；

（2）游标卡尺。

3．试件

冲击韧性 α_k 的数值与试件的尺寸、缺口形状和支撑方式有关。为了对实验结果进行比较，以正确地反映材料的冲击性能，国家标准 GB/T 229—2007 规定的《金属材料夏比摆锤冲击试验法》，规定以下两种形式的试件。

（1）V 形缺口试件，如图 3-12 所示。

（2）U 形缺口试件，如图 3-13 所示。

缺口的作用在于使试件从该处折断，缺口越尖锐，越易反映材料抗断裂的能力。

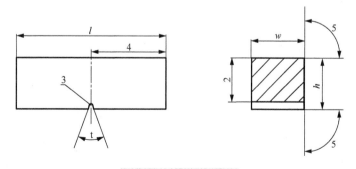

图 3-12　V 形缺口试件

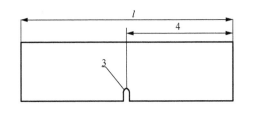
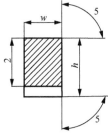

图 3-13　U 形缺口试件

4. 实验装置和实验原理

图 3-14 所示为三用摆式冲击机,该机可做简支梁、悬臂梁及拉伸三种冲击实验,使用时,将操纵杆向左推至预备位置,再将重摆抬起,即可将摆锁在一定的位置。重摆抬起的位置有较高处和较低处两个势能,此时,若将操纵杆向左推至冲击位置,重摆即下落摆动;若将操纵杆再推至停止处,下落后的重摆即被制动。

重摆冲断试件所损耗的功计算如下。

设摆重为 Q,H 为摆锤抬起的高度,H_1 为摆锤落下至最低位置冲断试件后由剩余的能量使摆锤摆向另一方而升起的高度(见图 3-15)。不考虑其他损耗,由功能原理可知,试件被冲断时所吸收的功为

$$W_1 = Q(H - H_1) \tag{3-12}$$

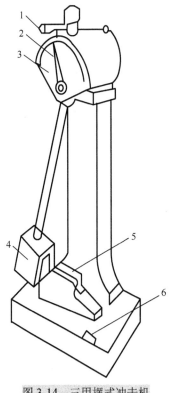

图 3-14　三用摆式冲击机　　　　　图 3-15　摆锤高度

1-操纵杆;2-指针;3-刻度盘;4-重摆;5-试件支座;6-撑杆

实际上重摆在升起和下落过程中，由于空气阻力和轴承的摩擦等要消耗一部分能量 W_2，所以试件被冲断时实际所吸收的功为

$$W = W_1 - W_2 \tag{3-13}$$

冲击机刻度盘上的标尺，已按 $W=W_1-W_2$ 换算好，单位为 N·m，所以冲断试件所吸收的功可直接从冲击机上读出。弯曲冲击时的冲击韧度可由下式求得

$$\alpha_{\mathrm{k}} = \frac{W}{A} \tag{3-14}$$

式中，W 为试件在冲弯时所吸收的功；A 为试件缺口处的横截面面积。

在相同的条件下，材料的 α_{k} 越大，表示抗断能力越好，但该指标目前还不能直接用于设计。

当试件的几何形状、尺寸、受力方式、实验温度等不同时，所得结果各不相同，所以冲击实验是在规定标准下进行的一种比较性实验。

值得一提的是：冲击韧度不仅可作为判断材料脆化趋势的一个定性指标，还可作为检验材质及热处理工艺的一个重要手段，这是因为它对材料的品质、宏观缺陷、显微组织等十分敏感的缘故，而这点恰是静载实验所无法揭示的。

5．实验步骤

(1)测量试件在缺口处的截面尺寸。

(2)将重摆抬起，指针拨至最大值，空打一次，检查刻度盘上的指针是否回零点，否则应进行校正，用小榔头轻敲刻度盘上的短针。

(3)安装试件。稍抬重摆，用小杆撑住，将试件放在冲击机的支座上，紧贴支座，缺口朝里，背向重摆刀口，如图 3-16 所示，并用对中样板对中。

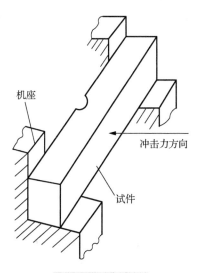

图 3-16　冲击试件

(4)将操纵杆推向预备位置，抬高重摆，锁住。

(5)注意检查重摆摆动范围内不得有人及任何障碍物。推动操纵杆至冲击位置，重摆下落。待回摆后将操纵杆再推至停止位置，重摆即停。

(6)记录读数，取下试件，使机器恢复原状。

6. 实验结果处理

(1)根据试件折断后所消耗的能量，计算低碳钢与铸铁的冲击韧性值 α_k。

(2)观察两种材料的断口差异。

(3)分析比较两种材料抗冲击断裂的能力，并比较不同切口形式对 α_k 的影响。

(4)根据实验目的和实验结果完成实验报告。实验后，试件上若肉眼可见裂纹或缺陷时，应在实验报告中注明。

3.5　金属疲劳实验

金属材料在交变应力长期作用下发生局部累积损伤，经一定循环次数突然发生断裂的现象称为疲劳破坏。和静应力破坏相比，疲劳破坏有下述特点：

(1)与一定循环次数相对应的疲劳强度，通常要比材料的强度极限低，甚至低于屈服极限。

(2)疲劳破坏有一个过程。即在一定的交变应力作用下，构件需要经过若干次应力循环后才突然断裂。

(3)疲劳断裂是突然发生的，而且宏观上无明显塑性变形，呈脆断。疲劳断口明显地分成粗糙区和光滑区两部分。

1. 实验目的

(1)了解金属材料疲劳极限的测定方法；

(2)了解疲劳试验机的构造原理；

(3)观察疲劳破坏的现象。

2. 实验设备

(1)纯弯曲疲劳试验机；

(2)游标卡尺。

3. 试样

试样的形式和尺寸取决于试验机的类型及实际工作的需要；但各类疲劳试样的加工要求都极为严格。由于材料在交变应力作用下对应力集中十分敏感，因此试样不允许有划伤和加工痕迹，实验部分表面的粗糙度要求非常高，如图 3-17 所示。

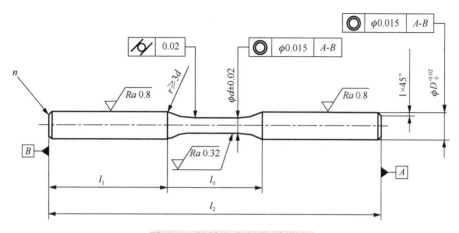

图 3-17　旋转弯曲疲劳试样简图

4．实验原理与方法

实验依据 GB/T 4337—2015《金属材料疲劳试验旋转弯曲方法》相关标准进行实验。

金属材料的疲劳性能实验常用 S-N 曲线（图 3-19）来描述。实验中各个试件所受的最大应力 σ_{max} 不同，相应的其疲劳寿命也不同，由此得到一系列 σ_{max} 和 N 的数据，以及疲劳极限数据。如果以 σ_{max} 为纵坐标、$\lg N$ 为横坐标，根据各数据点可绘出最大应力 σ_{max} 与疲劳寿命 N 的关系曲线，即 σ_{max}-N 曲线。工程上将此种曲线称为 S-N 曲线，S-N 曲线可用来表征材料的疲劳性能。

纯弯旋转式弯曲疲劳试验机工作原理如图 3-18 所示。实验时，试样被固紧在试验机的主轴套筒内，试样在整个实验过程中不得松动。载荷通过夹头的拉杆加到试样上。电动机启动后，试样随夹头一起高速旋转，载荷方向不变，而试样上各点的应力随着旋转反复变化，其应力比 r = -1，因此材料将承受对称交变载荷。试样表面的最大应力为

$$\sigma_{max} = \frac{Fa}{2W} = \frac{16Fa}{\pi d_0^3} \tag{3-15}$$

式中，d_0 为圆试样的直径。

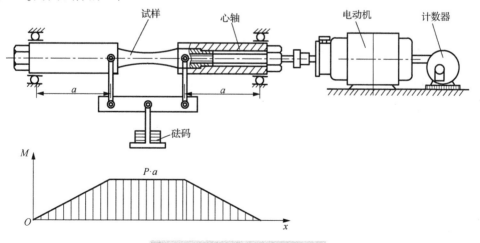

图 3-18　旋转弯曲疲劳实验原理图

根据事先设定的应力水平，按上式确定相应的载荷 F_i。不同的应力水平断裂前的循环次数不同，由此可通过多级应力水平的实验测出材料的 S-N_f 曲线（图 3-19），并确定相应的疲劳极限 σ_{-1}。

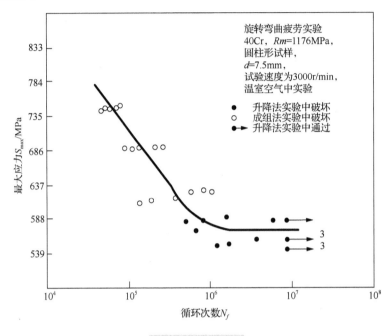

图 3-19 S-N_f 曲线

若取实验的循环基数 $N_0 =10^7$ 次，可按照下述方法进行。

1）应力水平的设置

测定 S-N 曲线至少取 5 级应力水平。最高应力水平 σ_1 应略高于预计疲劳极限的 20%～30%，相应的循环周次为 N_1，其后各级应力水平的差值取 10～40 MPa。应力水平下降，断裂周次 N 相应提高。对钢材而言，当 σ 下降到 σ_n，若 $N=10^7$ 次试样仍不断裂，显然疲劳极限 σ_{-1} 介于应力 σ_{n-1} 和 σ_n 之间，即 $\sigma_{n-1} > \sigma_{-1} > \sigma_n$。

2）σ_{-1} 的确定

σ_{-1} 的测定应在断与不断的应力之间，进一步取样实验。取 $\sigma_{n+1} = \dfrac{\sigma_{n-1}+\sigma_n}{2}$ 实验，若 $N=10^7$ 次断裂，且断与不断的应力相差不到 10MPa，则不断的应力 σ_n 即为疲劳极限 σ_{-1}，即 $\sigma_{n+1} - \sigma_n$<10 MPa。则

$$\sigma_n=\sigma_{-1}$$

若 $N = 10^7$ 次仍不断裂，且 $\sigma_{n-1} - \sigma_{n+1}$<10 MPa

则

$$\sigma_{n+1} = \sigma_{-1}$$

总之，断与不断的应力水平相差小于 10 MPa 时实验方可结束，并取未断的应力作为 σ_{-1}。

3) 绘制成 *S-N* 曲线

将上述实验结果绘制成 *S-N* 曲线，如图 3-19 所示。必须说明的是，疲劳实验对材料品质、实验条件、加工精度等十分敏感。即使同一炉试样、同一试验机、同样的应力水平，断裂周次 N 也不可能完全相同。所以疲劳实验的数据相当分散，为提高实验精度，应力水平可设置的密一些，同时每级应力水平至少投放 3～5 个试样，各级应力投放的试样应随应力水平的降低而逐渐增加。

5. 实验步骤

(1) 取 6～8 根试件，检查试件表面加工质量。测量试件的直径，作为计算横截面面积之用。选取其中任一根试件做静力拉伸实验，测定材料的强度极限 σ_b。

(2) 开动实验机使其空转，检查电动机运转是否正常。

(3) 将试件装入试验机，牢固夹紧，使试件与试验机转轴保持良好的同心度。当用手慢慢转动试验机时，用千分表在试件自由端上测得的上、下跳动量最好不大于 0.02 mm。

(4) 进行实验，根据试件尺寸确定载荷大小 (砝码质量)，第 1 根试件的交变应力的最大值 σ_{max} 大约取 $0.6\sigma_b$。加载前，先开动机器，再迅速而无冲击地将砝码加到规定值，并记录转数计的初读数。试件经历一定次数的循环后，即发生断裂，试验机也自动停止工作，此时记录转数计的末读数，转数计末读数减去初读数即得试件的疲劳寿命。然后，对第 2 根试件进行实验，使其最大应力略低于第 1 根试件的最大应力值，同样记录转数计的读数。这样依次降低各个试件的最大应力，测定出相应的各个试件的疲劳寿命。自第 6 根试件开始测定持久极限，观察断口形貌，注意疲劳破坏特性。

6. 实验结果处理

本实验所需时间太长，各实验小组可分别取一根试件进行实验，最后将数据集中处理，填写在统一的表格中。

以 σ_{max} 为横坐标、$\lg N$ 为纵坐标，将各数据点 (包括疲劳极限) 绘制在方格纸上，用曲线或直线拟合，即得 *S-N* 曲线。

第4章 电测应力分析实验

4.1 应变电测原理与技术

1. 原理简介

电测应力、应变实验方法(简称电测法),不仅可用于验证材料力学的理论、测定材料的机械性能,而且作为一种重要的实验手段为解决工程问题和研究难题,提供了良好的实验基础。电测法就是将物理量、力学量、机械量等非电量,通过敏感元件感受非电量并转换成电量,然后通过专门的应变测量设备(如电阻应变仪)进行测量的一种实验方法。

2. 应变片原理

敏感元件的种类很多,其中电阻应变片(简称电阻片或应变片)最简单,应用最广泛。

1)电阻片的应变-电性能

电阻片分为丝式和箔式两大类,如图 4-1 和图 4-2 所示。丝式电阻片是用 0.003～0.01mm 的合金丝绕成栅状制成的;箔式电阻片则是将 0.003～0.01mm 厚的箔材经化学腐蚀制成栅状,其主体敏感栅实际上是一个电阻。金属丝的电阻随机械变形而发生变化的现象称为应变-电性能。电阻片在感受构件的应变时(称为工作片),其电阻同时发生变化。实验表明,构件被测量部位的应变 $\Delta l/l$ 与电阻变化率 $\Delta R/R$ 成正比关系,即

$$\frac{\Delta R}{R} = K_s \frac{\Delta l}{l} = K_s \varepsilon \tag{4-1}$$

式中,比例系数 K_s 称为电阻片的灵敏系数。

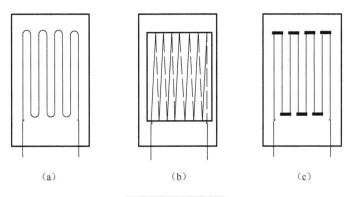

(a)　　　　　　　(b)　　　　　　　(c)

图 4-1　丝式电阻片

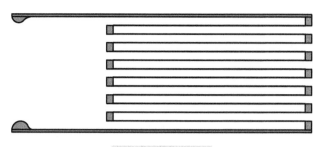

图 4-2　箔式电阻片

由于电阻片的敏感栅不是一根直丝，所以 K_s 不能直接计算，需要在标准应变梁上通过抽样标定来确定，K_s 的数值一般为 2.0 左右。

2）温度补偿片

温度改变时，金属丝的长度也会发生变化，从而引起电阻的变化。因此在不同温度环境下进行测量，电阻片的电阻变化由两部分组成，即

$$\Delta R = \Delta R_\varepsilon + \Delta R_T \tag{4-2}$$

式中，ΔR_ε 指由构件机械变形引起的电阻变化；ΔR_T 指由温度变化引起的电阻变化。

要准确地测量构件因变形引起的应变，就要排除温度对电阻变化的影响。方法之一是采用温度能够自己补偿的专用电阻片；另一种方法是把普通电阻片贴在材质与构件相同、但不参与机械变形的一材料上，然后和工作片在同一温度条件下组桥。电阻变化只与温度有关的电阻片称为温度补偿片。利用电桥原理，让补偿片和工作片一起合理组桥，就可以消除温度给应力测量带来的影响。

3）应变花

为同时测定一点几个方向的应变，常把几个不同方向的敏感栅固定在同一个基底上，这种应变片称为应变花。应变花的各敏感栅之间呈不同的角度，如图 4-3 所示。它适用于平面应力状态下的应变测量。应变花的角度可根据需要进行选择。

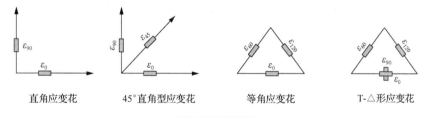

直角应变花　　　　　45°直角型应变花　　　　　等角应变花　　　　　T-△形应变花

图 4-3　应变花

4）电阻片的粘贴方法

粘贴电阻片是电测法的一个重要环节，它直接影响测量精度。粘贴时，首先必须保证被测表面清洁、平整、光滑、无油污、无锈迹。其次，要保证粘贴位置的准确，并选用专用的粘接剂。最后，电阻片引线的焊接和导线的固定要牢靠，以保证测量时导线不会扯坏应变片。为满足上述要求，粘贴的大致过程如下：打磨测量表面→在测量位置准确画线→清洗测量表面→在画线位置上准确地粘贴电阻片→焊接导线并牢靠固定。

3．电桥工作原理

应变仪测量电路的作用，就是把电阻片的电阻变化率 $\Delta R/R$ 转换成电压输出，然后提供给放大电路放大后进行测量。

1）电桥原理

测量电路有多种，最常用的是桥式测量电路，如图 4-4 所示。R_1、R_2、R_3、R_4 四个电阻依次接在 A、B、C、D 之间，构成电桥的四桥臂。电桥的对角端 AC 接电源，电源电压为 E；对角端 BD 为电桥的输出端，其输出电压用 U_{BD} 表示。可以证明 U_{BD} 与桥臂电阻有如下关系：

$$U_{BD} = E\left(\frac{R_1}{R_1 + R_2} - \frac{R_4}{R_3 + R_4} \right) \tag{4-3}$$

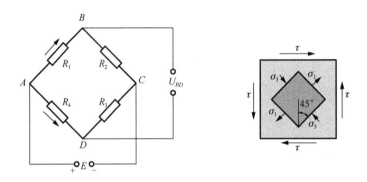

图 4-4　桥式测量电路

若 4 个桥臂电阻由贴在构件上的 4 枚电阻片组成，而且初始电阻 $R_1 = R_2 = R_3 = R_4$，当输出电压 $U_{BD} = 0$ 时，电桥处于平衡状态。构件变形时，设各电阻的变化量分别为 ΔR_1、ΔR_2、ΔR_3、ΔR_4，输出电压的相应变化为

$$U_{BD} + \Delta U_{BD} = E\left(\frac{R_1 + \Delta R_1}{R_1 + R_2 + \Delta R_1 + \Delta R_2} - \frac{R_4 + \Delta R_4}{R_3 + R_4 + \Delta R_3 + \Delta R_4} \right) \tag{4-4}$$

在小应变 $\dfrac{\Delta R}{R} \gg 1$ 的条件下，可以证明桥路输出电压为

$$\Delta U_{BD} = \frac{E}{4}\left(\frac{\Delta R_1}{R_1} - \frac{\Delta R_2}{R_2} + \frac{\Delta R_3}{R_3} - \frac{\Delta R_4}{R_4} \right) \tag{4-5}$$

如果 ΔR 仅由机械变形引起，与温度影响无关，而且 4 枚电阻片的灵敏系数 K_s 相等时，根据式(4-1)，式(4-5)可以写成

$$\Delta U_{BD} = \frac{E}{4}K_s\left(\varepsilon_1 - \varepsilon_2 + \varepsilon_3 - \varepsilon_4 \right) \tag{4-6}$$

如果供桥电压 E 不变，那么构件变形引起的电压输出 ΔU_{BD} 与 4 个桥臂的应变值 ε_1、

ε_2、ε_3、ε_4 成线性关系，式中各 ε 是代数值，其符号由变形方向决定，一般拉应变为"正"，压应变为"负"。根据这一特性：相邻两桥臂的 ε（ε_1、ε_2 或 ε_3、ε_4）符号一致时，两应变相抵消；如符号相反，则两应变的绝对值相加。相对两桥臂的 ε（ε_1、ε_3 或 ε_2、ε_4）符号一致时，两应变的绝对值相加；如符号相反，则两应变相抵消。

实验如能很好地利用电桥的这一特性，合理布片，灵活组桥，将直接影响电桥输出电压的大小，从而有效地提高测量灵敏度，并减少测量误差，这种作用称为桥路的加减特性。电阻应变仪是测量应变的专用仪器，桥路输出电压 ΔU_{BD} 的大小，是按应变直接标定来显示的，因此与 ΔU_{BD} 对应的应变值 $\varepsilon_{仪}$ 可由应变仪直接读出来。

2) 组桥方式

一般贴在构件上参与机械变形的电阻片称为工作片，在不考虑温度影响的前提下，应变片接入各桥臂的组桥方式不同，与工作片相应的输出电压也不同。几种典型的组桥方式如下。

(1) 单臂测量。

只有一枚工作片 R_1 接在 AB 桥臂上，其他 3 个桥臂的电阻片均不参与变形，应变 ε 为零。这时电桥的输出电压为

$$\Delta U_{BD} = \frac{E}{4}\left(\frac{\Delta R_1}{R_1}\right) = \frac{E}{4}K_s\varepsilon_1 \tag{4-7}$$

单臂测量的结果 ΔU_{BD} 代表被测点的真实工作应变。

(2) 半桥测量。

两枚工作片 R_1、R_2 分别接在相邻两个桥臂 AB、BC 上，其他两个桥臂为应变仪的内接电阻。这时电桥的输出电压为

$$\Delta U_{BD} = \frac{E}{4}\left(\frac{\Delta R_1}{R_1} - \frac{\Delta R_2}{R_2}\right) = \frac{E}{4}K_s(\varepsilon_1 - \varepsilon_2) \tag{4-8}$$

(3) 对臂测量。

两枚工作片 R_1、R_3 分别接在对臂 AB、CD 上，温度补偿片 R_2、R_4 分别接在其他两对臂 BC、AD 上。这时电桥的输出电压为

$$\Delta U_{BD} = \frac{E}{4}\left(\frac{\Delta R_1}{R_1} + \frac{\Delta R_3}{R_3}\right) = \frac{E}{4}K_s(\varepsilon_1 + \varepsilon_3) \tag{4-9}$$

(4) 单臂串联测量。

两枚串联的工作片 $2R$ 接 AB 臂，两枚串联的温度补偿片 $2R$ 接 BC 臂，其他两个桥臂接仪器的内接电阻。这时电桥的输出电压为

$$\Delta U_{BD} = \frac{E}{4}\left(\frac{\Delta R_1}{R_1}\right) \tag{4-10}$$

工作片串联后 $R_1 = 2R$，同样 $\Delta R_1 = 2\Delta R$，因此 ΔU_{BD} 的测量结果不变，与两枚电阻片电阻变化率的平均值成正比。

典型的组桥方式如表 4-1 所示。

表 4-1 典型的组桥方式

组桥方式	输出电压 ΔU_{BD}	桥臂系数 $B^{(1)}$	温度补偿
全桥测量	$\Delta U_{BD} = \dfrac{E}{4} K_s (\varepsilon_1 - \varepsilon_2 + \varepsilon_3 - \varepsilon_4)$	$\varepsilon_1 = -\varepsilon_2 = \varepsilon_3 = -\varepsilon_4$ 时，$B=4$	不接补偿片，温度影响可自动消除
单臂测量	$\Delta U_{BD} = \dfrac{E}{4} K_s \varepsilon_1$	1	BC 臂需要接一枚补偿片 R
半桥测量	$\Delta U_{BD} = \dfrac{E}{4} K_s (\varepsilon_1 - \varepsilon_2)$	$\varepsilon_1 = -\varepsilon_2$ 时，$B=2$	不需接补偿片，温度影响可自动消除
对臂测量	$\Delta U_{BD} = \dfrac{E}{4} K_s (\varepsilon_1 + \varepsilon_3)$	$\varepsilon_1 = \varepsilon_3$ 时，$B=2$	非工作对臂接补偿片
串联测量	$\Delta U_{BD} = \dfrac{E}{4} \left(\dfrac{\Delta R_1}{R_1} \right)$	$B=1$	阻值与工作片相等的补偿片串联后接 BC 臂

注：(1) 参见 "5) 桥臂系数"。

3) 温度补偿

温度补偿是运用桥路的加减特性，合理布片，有效利用温度补偿片正确组桥，以消除温度给应变测量带来的影响。下面讨论桥路原理在温度补偿中的几种典型应用。

(1) 单臂测量。

工作片 R_1 接 AB 臂，温度补偿片 R_2 接 BC 臂，剩下的两个桥臂是不参与变形的内接电阻。由于温度的影响，这时电桥的输出电压为

$$\Delta U_{BD} = \frac{E}{4} \left[\left(\frac{\Delta R_1}{R_1} \right) + \left(\Delta R_1 / R_1 \right) T - \left(\Delta R_2 / R_2 \right) T \right] \tag{4-11}$$

相邻两桥臂的电阻片因温度变化引起的电阻变化率 $(\Delta R_1 / R_1) T = (\Delta R_2 / R_2) T$，根据桥路特性，二者在桥路中相互抵消，从而使 ΔU_{BD} 消除了温度的影响，即 $\Delta U_{BD} = \dfrac{E}{4} \left(\dfrac{\Delta R_1}{R_1} \right)$。因此单臂测量的结果只反映被测点的工作应变。

(2) 半桥测量。

两枚工作片 R_1、R_2 分别接在相邻的两个桥臂 AB、BC 臂上，另外两个桥臂是应变仪的内接电阻。这时电桥的输出电压为

$$\Delta U_{BD} = \frac{E}{4} \left[\left(\frac{\Delta R_1}{R_1} \right) + \left(\Delta R_1 / R_1 \right) T - \frac{\Delta R_2}{R_2} - \left(\Delta R_2 / R_2 \right) T \right] \tag{4-12}$$

R_1、R_2 的温度电阻变化率相等，即 $(\Delta R_1 / R_1) T = (\Delta R_2 / R_2) T$。根据桥路特性，二者在桥路中相互抵消，从而不必接温度补偿片就消除了温度的影响。这时桥路的输出电压为

$$\Delta U_{BD} = \frac{E}{4} \left(\frac{\Delta R_1}{R_1} - \frac{\Delta R_2}{R_2} \right) \tag{4-13}$$

（3）对臂测量。

两枚工作片 R_1、R_3 分别接在对臂 AB、CD 上，两枚温度补偿片 R_2、R_4 分别接另外两对臂 BC、AD 上。由于 4 个电阻片都处于同一温度条件下，而且各电阻片由温度引起的电阻变化率相等，温度影响在桥路中相互抵消。这时电桥的输出电压为

$$\Delta U_{BD} = \frac{E}{4}\left(\frac{\Delta R_1}{R_1} + \frac{\Delta R_3}{R_3} \right) \tag{4-14}$$

（4）全桥测量。

4 枚工作片 R_1、R_2、R_3、R_4 依次接在电桥的 4 个桥臂上。由于各工作片由温度引起的电阻变化率相等，温度影响在桥路中相互抵消。这时电桥的输出电压为

$$\Delta U_{BD} = \frac{E}{4}\left(\frac{\Delta R_1}{R_1} - \frac{\Delta R_2}{R_2} + \frac{\Delta R_3}{R_3} - \frac{\Delta R_4}{R_4} \right) \tag{4-15}$$

4）读数修正

应变仪是应变测量的专用仪器。应变仪测量电路的输出电压 ΔU_{DB} 是被标定成应变值 $\varepsilon_测$ 直接显示的，与电阻片的灵敏系数 K_s 相对应，应变仪也有一个灵敏系数 $K_仪$。多数仪器的 $K_仪$ 值是可调的，测量时一般经过调节令 $K_仪 = K_s$，这样应变仪的读数值 $\varepsilon_仪$ 与桥路输出的应变值 $\varepsilon_测$ 相等，即 $\varepsilon_仪 = \varepsilon_测$，不必修正。某些应变仪的 $K_仪$ 是固定不变的，不能调节，当 $K_仪 \neq K_s$ 时，读数值 $\varepsilon_仪$ 会存在一系统误差，必须按下式进行修正，即 $K_仪 \varepsilon_仪 = K_s \varepsilon_测$。此时桥路输出的实际应变值应为

$$\varepsilon_测 = \frac{K_仪}{K_s}\varepsilon_仪 \tag{4-16}$$

5）桥臂系数

同一个被测值，由于布片和组桥方式不同，桥路的输出电压 ΔU_{BD} 也有很大的不同，与单臂测量相比，$\varepsilon_仪$ 将不同程度地被放大，即测量灵敏度有不同程度的提高。为说明这种变化，测量灵敏度的大小一般用桥臂系数 B 来表示，B 的定义为

$$B = \varepsilon_仪 / \varepsilon_单 \tag{4-17}$$

式中，$\varepsilon_仪$ 为应变仪指示的应变值（$K_仪 = K_s$ 时）；$\varepsilon_单$ 为被测点的真实应变值，$\varepsilon_单$ 一般由单臂测量测定。

4. 应变电测技术优点

（1）电阻应变片的尺寸小，重量轻。它粘贴在构件表面上对构件的工作状态和应力分布影响小，能够较好地测出应变；也可以利用几个应变片组成应变花测量，并计算出复杂应力状态下某点处主应力的大小和方向。

（2）测量范围广。一般能测量几十到几万微应变，用高精度、高稳定性的测量系统和半导体应变片甚至可以测出 10^{-2} 量级的微应变。

（3）用途广泛。可以直接测量应变和其他一些物理量，还可以制成测量各种物理量的传感器；可用于设计方案的比较、计量，也可用于生产过程的控制；可在实验室里使用，也可在现场条件下使用。

(4) 与其他应变测量相比，测量精度较高。应变式传感器的精度可达 0.1%以上。

(5) 可以在各种比较复杂或恶劣的环境中进行测量：如从-270℃（液氮温度）的低温到+1000℃的高温；从宇宙空间的真空状态到几千个大气压；长时间浸没于水下；大离心力和强烈振动；强磁场、放射性和化学腐蚀等。

(6) 测量得到的电信号，可以直接输入电子计算机进行数据处理，实现测试过程或控制过程的自动化。

4.2 弹性模量 E、泊松比 μ 的测定

1．实验目的

(1) 测量金属材料的弹性模量 E 和泊松比 μ；

(2) 验证单向受力胡克定律；

(3) 学习电测法的基本原理和电阻应变仪的基本操作。

2．实验仪器和设备

(1) 微机控制电子万能试验机；

(2) 电阻应变仪；

(3) 游标卡尺。

3．试件

中碳钢矩形截面试件，名义尺寸为 $b{\times}t = 16{\times}6\text{mm}^2$；材料的屈服极限 $\sigma_s = 360\text{MPa}$。

4．实验原理和方法

1) 实验原理

材料在比例极限内服从胡克定律，在单向受力状态下，应力与应变成正比，即

$$\sigma = E\varepsilon \tag{4-18}$$

式中，比例系数 E 称为材料的弹性模量。

由以上关系，可以得到

$$E = \frac{\sigma}{\varepsilon} = \frac{P}{A\varepsilon} \tag{4-19}$$

材料在比例极限内，横向应变 ε' 与纵向应变 ε 之比的绝对值为一常数：

$$\mu = \left| \frac{\varepsilon'}{\varepsilon} \right| \tag{4-20}$$

式中，常数 μ 称为材料的横向变形系数或泊松比。

本实验采用增量法，即逐级加载，分别测量在相同载荷增量 ΔP 作用下，产生的应变增量 $\Delta\varepsilon_i$。于是式(4-19)和式(4-20)分别写为

$$E_i = \frac{\Delta P}{A_0 \Delta\varepsilon_i} \tag{4-21}$$

$$\mu_i = \left| \frac{\Delta \varepsilon_i'}{\Delta \varepsilon_i} \right| \tag{4-22}$$

根据每级载荷得到的 E_i 和 μ_i，求平均值

$$E = \frac{\sum_{i=1}^{n} E_i}{n} \tag{4-23}$$

$$\mu = \frac{\sum_{i=1}^{n} \mu_i}{n} \tag{4-24}$$

即为实验所得材料的弹性模量和泊松比，式中 n 为加载级数。

2）实验方法

(1) 电测法(同 4.1 节)。

(2) 加载方法——增量法。

增量法可以验证力与变形之间的线性关系，若各级载荷增量 ΔP 相同，相应的应变增量 $\Delta \varepsilon$ 也应大致相等，这就验证了胡克定律。

5. 实验步骤

(1) 确定实验所需的各类数据表格。

(2) 试件尺寸确定。分别在试件标距两端及中间处测量厚度和宽度，将 3 处测得横截面面积的算术平均值作为试样原始横截面积。

(3) 确定加载方案。

(4) 开机准备、试件安装和仪器调整。

(5) 确定组桥方式、接线和设置应变仪参数。

(6) 检查及试车。检查以上步骤完成情况，然后预加载荷至加载方案的最大值，再卸载至初载荷以下，以检查试验机及应变仪是否处于正常状态。

(7) 进行实验。加初载荷，记下此时应变仪的读数或将读数清零。然后逐级加载，记录每级载荷下各应变片的应变值，同时注意应变变化是否符合线性规律。重复该过程至少两到三遍，数据稳定、重复性好即可停止。

(8) 经检验合格后，卸载，关闭电源，拆线并整理所用设备。

6. 实验结果处理

(1) 数据记录。

(2) 取 3 次结果平均值 $\Delta \varepsilon_i$。

(3) 根据式(4-21)和式(4-23)计算弹性模量 E。

(4) 在坐标纸上，在 σ-ε 坐标系下描出实验点，然后拟合成直线，以验证胡克定律。

(5) 得出泊松比 μ。

4.3　弯曲正应力分布规律实验

1．实验目的

(1)用电测法测定梁纯弯曲时沿其横截面高度的正应变(正应力)分布规律；
(2)验证纯弯曲梁的正应力计算公式。

2．实验仪器和设备

(1)多功能组合实验装置一台；
(2)TS3860 型静态数字应变仪一台；
(3)纯弯曲实验梁一根；
(4)温度补偿块一块。

3．实验原理和方法

图 4-5 所示弯曲梁的材料为钢，其弹性模量 E=210GPa，泊松比 μ=0.28。转动实验装置上面的加力手轮，使四点弯上压头压住实验梁，则梁的中间段承受纯弯曲。根据平面假设和纵向纤维间无挤压的假设，可得到纯弯曲正应力计算公式为

$$\sigma = \frac{M}{I_z} y \tag{4-25}$$

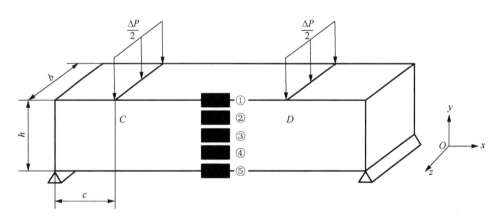

图 4-5　纯弯曲梁

为了测量梁纯弯曲时横截面上的应变分布规律，在梁纯弯曲段的侧面各点沿轴线方向均匀布置了 5 片应变片①～⑤。已知弯曲梁的 b=15 mm，h=25 mm，c=124mm，梁长 372mm。

如果测得纯弯曲梁在纯弯曲时沿横截面高度各点的轴向应变，则可由单向应力状态的胡克定律公式 $\sigma = E\varepsilon$ 求出各点处的应力实验值。将应力实验值与应力理论值进行比较，以验证弯曲正应力公式。

4．实验步骤

(1)对齐弯曲梁的下支座记号。

(2)将力值调零，实验中取 P_0=100N，ΔP=350N，P_{max}=1500N，分 4 次加载。在 P_0 处将应变仪调零，实验时逐级加载，并记录各应变片在各级载荷作用下的读数应变。

(3)每个测点求出应变增量的平均值 $\Delta \varepsilon_m = \dfrac{\sum \Delta \varepsilon_i}{4}$ $(m=1,2,\cdots,4)$，算出相应的应力增量实测值 $\Delta \sigma_{m测} = E\Delta \varepsilon_m$ (MPa)。其中，E 取 2.1×10^5 MPa。

(4)纯弯曲段(CD 段)内的弯矩增量为 $\Delta M = \dfrac{1}{2}\Delta P \cdot c$，由公式 $\Delta \sigma_{m理} = \dfrac{\Delta M}{I_z}y$ 求出各测点的理论值，式中 $I_z = \dfrac{bh^3}{12}$。

(5)对每个测点列表比较 $\Delta \sigma_{m测}$ 和 $\Delta \sigma_{m理}$，并计算相对误差

$$\varepsilon_\sigma = \frac{\Delta \sigma_{m测} - \Delta \sigma_{m理}}{\Delta \sigma_{m理}}\times100\% \tag{4-26}$$

在梁的中性层(第 3 点)，因 $\Delta \sigma_{3理} = 0$，故只需要计算绝对误差。

5．实验结果的处理

按实验记录数据求出各点的应力实验值，计算出各点的应力理论值，并算出相对误差。

4.4　等强度梁实验

1．实验目的

(1)认识和熟悉等强度梁的概念和力学特点；

(2)测定等强度梁上已粘贴应变片处的应变，验证等强度梁各横截面上应变(应力)相等；

(3)通过自行设计实验方案，寻找实验需要的仪器设备，增强实验设计和动手能力。

2．实验仪器和设备

(1)微机控制电子万能试验机；

(2)静态电阻应变仪；

(3)游标卡尺、钢尺。

3．实验原理和方法

为了使各个截面的弯曲应力相同，应随着弯矩的大小相应地改变截面尺寸，以保持相同强度，这种梁称为等强度梁。其原理为：等强度梁如图 4-6 所示，悬臂上加一外载荷 F，距加载点 x 处的截面的力矩 $M=Fx$，相应断面上的最大应力为 $\sigma = \dfrac{Fxh/2}{I}$，其中

$I = \dfrac{bh^3}{12}$（注：本书中 I 均指 I_z），故

$$\sigma = \frac{Fxh/2}{\dfrac{bh^3}{12}} = \frac{6Fx}{bh^2} \tag{4-27}$$

式中，F 为悬臂端上的外荷载；x 为应变片中点距离加载点的距离；b 为试件的宽度；h 为试件的厚度；I 为截面惯性矩。

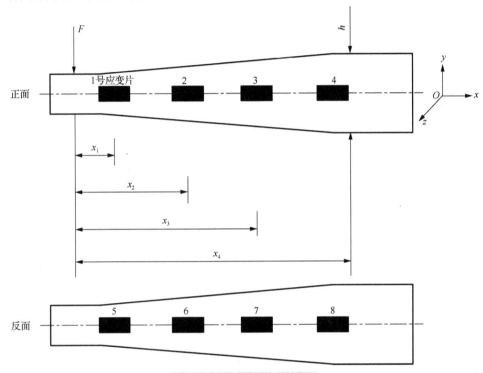

图 4-6　测试梁的应变片粘贴

所谓的等强度，就是指各个截面在力的作用下应力相等，即 σ 不变，显然，当梁的厚度 h 不变时，梁的宽度必须随 x 的变化而不停地变化。

根据 $\sigma = E\varepsilon$，等强度梁应力相等，则相应的转变为应变相等，即

$$\varepsilon = \frac{\sigma}{E} = \frac{6Fx}{Ebh^2} \tag{4-28}$$

本次实验通过静态应变仪测量各个测点应变的大小验证梁为等强度梁。在梁的正、反面对称布置了 8 个应变片，力通过电子万能试验机施加，实验贴片方案如图 4-6 所示，梁的弹性模量 E=200GPa，μ=0.28。

4．实验步骤

(1)试件准备。按照粘贴应变片和等强度梁实验的要求，粘贴好应变片，接着测量试件尺寸以及各个测点到加载点的距离。

(2)接通应变仪电源，将等强度梁上所测各点的应变片和温度补偿片按 1/4 桥接线法接通应变仪，并调整好所用仪器设备。

(3)实验加载。编制实验方案，开始实验，记录相应的应变数据。

(4)完成全部实验后，卸除荷载，关闭仪器设备电源，整理实验现场。

5．实验数据记录与处理

记录实验数据，舍去异常数据。

4.5 偏心拉伸实验

1．实验目的

(1)测定偏心拉伸时的最大正应力，验证叠加原理的正确性；

(2)学习拉弯组合变形时分别测量各内力分量产生的应变成分的方法；

(3)测定偏心拉伸试样的弹性模量 E 和偏心距 e；

(4)进一步学习用应变仪测量微应变的组桥原理和方法，并能熟练掌握、灵活运用。

2．实验仪器和设备

(1)静态电阻应变仪；

(2)拉伸加载装置；

(3)偏心拉伸试样(已贴应变计)。

3．试件

本实验采用矩形截面的薄直板作为被测试样，其两端各有一偏离轴线的圆孔，通过圆柱销钉使试样与实验台相连，采用一定的加载方式使试样受一对平行于轴线的拉力作用。

在试样中部的两侧面或两表面上与轴线等距的对称点处，沿纵向对称地各粘贴一枚单轴应变计，贴片位置和试样尺寸如图 4-7 所示。应变计的灵敏系数 K 标注在试样上。

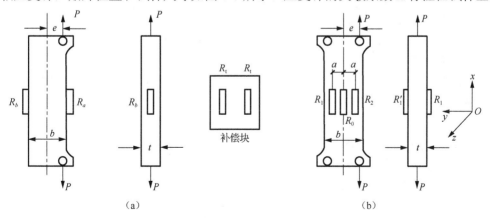

(a)　　　　　　　　　　　　(b)

图 4-7　加载与布片示意图

4．实验原理和方法

偏心受拉构件在外载荷 P 的作用下，其横截面上存在的内力分量有：轴力 $F_N = P$，弯矩 $M = P \cdot e$，其中 e 为构件的偏心距。设构件的宽度为 b、厚度为 t，则其横截面面积 $A = t \cdot b$。在图 4-7(b) 所示情况中，a 为构件轴线到应变计丝栅中心线的距离。根据叠加原理可知，该偏心受拉构件横截面上各点都为单向应力状态，其测点处正应力的理论计算公式为拉伸应力和弯矩正应力的代数和，即

对于图 4-7(a) 布片方案
$$\sigma = \frac{P}{A} \pm \frac{M}{W} = \frac{P}{tb} \pm \frac{6Pe}{tb^2} \tag{4-29}$$

对于图 4-7(b) 布片方案
$$\sigma_y = \frac{P}{A} \pm \frac{M}{I} y = \frac{P}{tb} \pm \frac{12Pea}{tb^3} \tag{4-30}$$

根据胡克定律可知，其测点处正应力的测量计算公式为材料的弹性模量 E 与测点处正应变的乘积，即

$$\sigma = E \cdot \varepsilon$$

1）测定最大正应力，验证叠加原理

根据以上分析可知，对于图 4-7(a)、(b) 布片方案，受力构件上所布测点中最大应力的理论计算公式分别为

$$\begin{cases} \sigma_{\text{max,理}} = \sigma_a = \dfrac{P}{A} + \dfrac{M}{W} = \dfrac{P}{tb} + \dfrac{6Pe}{tb^2} \\ \sigma_{\text{max,理}} = \sigma_2 = \dfrac{P}{A} + \dfrac{M}{I} y_2 = \dfrac{P}{tb} + \dfrac{12Pea}{tb^3} \end{cases} \tag{4-31}$$

测量计算公式分别为

$$\begin{cases} \sigma_{\text{max,测}} = \sigma_a = E \cdot \varepsilon_a = E(\varepsilon_N + \varepsilon_M) \\ \sigma_{\text{max,测}} = \sigma_2 = E \cdot \varepsilon_2 = E(\varepsilon_N + \varepsilon_{Ma}) \end{cases} \tag{4-32}$$

2）测量各内力分量产生的应变成分 ε_N 和 ε_M

由电阻应变仪测量电桥的加减原理可知，改变电阻应变计在电桥上的连接方法，可以得到几种不同的测量结果。利用这种特性，采取适当的布片和组桥方式，便可以将组合载荷作用下各内力分量产生的应变成分分别测量出来，从而计算出相应的应力和内力，这就是所谓的内力素的测定。

本实验是在一个矩形截面的板状试样上施加偏心拉伸力，则该杆件的横截面上将承受轴向拉力和弯矩的联合作用。

（1）图 4-7(a) 所示试样在中部截面的两侧面处对称地粘贴 R_a 和 R_b 两枚应变计，则 R_a 和 R_b 的应变均由拉伸和弯曲两种应变成分组成，即

$$\varepsilon_a = \varepsilon_N + \varepsilon_M, \qquad \varepsilon_b = \varepsilon_N - \varepsilon_M$$

式中，ε_N、ε_M 分别表示由轴力、弯矩所产生的拉应变和弯曲应变绝对值。

此时，可以采用四分之一桥连接、公共补偿、多点同时测量的方式组桥，测出各个测点的应变值，然后再计算出 ε_N、ε_M。也可以按图 4-8 方式组桥（当然还有其他组桥方案），这时的仪器读数分别为

图 4-8(a) 的读数
$$\varepsilon_{\text{du}} = 2\varepsilon_N$$

图 4-8(b)的读数 $\qquad \varepsilon_{\mathrm{du}} = 2\varepsilon_{\mathrm{M}}$

通常将从仪器上读出的应变值与待测应变值之比称为桥臂系数,上述两种组桥方式的桥臂系数均为 2。

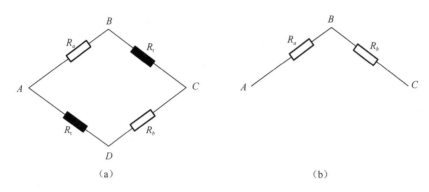

图 4-8 组桥方式示意图一

(2)图 4-7(b)所示试样在中部截面处的前后两表面上、距离轴线为 a 处以及轴线上对称粘贴 R_1、R_2、R_0 和 R_1'、R_2'、R_0' 六枚应变计,则 R_1、R_2、R_0 和 R_1'、R_2'、R_0' 的应变均由拉伸和弯曲两种应变成分组成,并考虑到由于构件扭曲产生的影响,即

$$
\begin{aligned}
&\varepsilon_1 = \varepsilon_{\mathrm{N}} - \varepsilon_{\mathrm{Ma}} + \varepsilon_{\mathrm{nq1}}, \quad \varepsilon_1' = \varepsilon_{\mathrm{N}} - \varepsilon_{\mathrm{Ma}} + \varepsilon_{\mathrm{nq1}}' \\
&\varepsilon_2 = \varepsilon_{\mathrm{N}} + \varepsilon_{\mathrm{Ma}} + \varepsilon_{\mathrm{nq2}}, \quad \varepsilon_2' = \varepsilon_{\mathrm{N}} + \varepsilon_{\mathrm{Ma}} + \varepsilon_{\mathrm{nq2}}' \\
&\varepsilon_0 = \varepsilon_{\mathrm{N}} + \varepsilon_{\mathrm{nq0}}, \quad \varepsilon_0' = \varepsilon_{\mathrm{N}} + \varepsilon_{\mathrm{nq0}}' \\
&\varepsilon_{\mathrm{nq1}} = -\varepsilon_{\mathrm{nq1}}', \quad \varepsilon_{\mathrm{nq2}} = -\varepsilon_{\mathrm{nq2}}', \quad \varepsilon_{\mathrm{nq0}} = -\varepsilon_{\mathrm{nq0}}'
\end{aligned}
\tag{4-33}
$$

式中,ε_{N}、ε_{M} 分别表示由轴力、弯矩所产生的拉应变和弯曲应变绝对值,下标 a 表示与轴线距离为 a 的位置;$\varepsilon_{\mathrm{nq}}$ 是由于构件的扭曲而产生的附加应变值,其正负无法确定。

此时,同样可以采用单臂连接、公共补偿、多点同时测量的方式组桥,测出各个测点的应变值,然后再根据式(4-40)计算出 ε_{N}、$\varepsilon_{\mathrm{Ma}}$。也可以按图 4-9 所示方式组桥(或按其他组桥方案),这时的仪器读数分别为

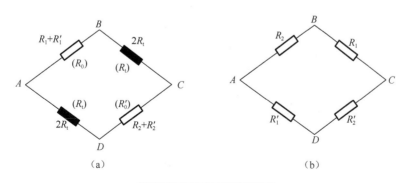

图 4-9 组桥方式示意图二

图 4-9(a)的读数 $\qquad \varepsilon_{du} = 2\varepsilon_N \qquad$ (4-34)

图 4-9(b)的读数 $\qquad \varepsilon_{du} = 4\varepsilon_{Ma} \qquad$ (4-35)

可见，此两种组桥方式的桥臂系数分别为 2 和 4。

3) 弹性模量 E 的测量与计算

为了测定材料的弹性模量 E，可按图 4-9(a)或图 4-9(b)所示方式组桥，并采用等增量加载的方式进行测试，即所增加荷载 $\Delta P_i = i\Delta F$(其中 $i =1,2,\cdots,5$ 为加载级数，ΔF 为在试样上加一级载荷的增量值。在初载荷 P_0 时将应变仪调零，之后每加一级载荷就测得一拉应变 ε_{Ni}，然后用最小二乘法计算出所测材料的弹性模量 E，即

$$E = \frac{\Delta F}{tb} \cdot \frac{\sum_{i=1}^{5} i^2}{\sum_{i=1}^{5} i\varepsilon_{Ni}} \qquad (4-36)$$

注意：实验中末级载荷 $P_5 = P_0 + 5\Delta F$ 不应超出材料的弹性范围。

4) 偏心距 e 的测量与计算

为了测定偏心距 e，可按图 4-8(a)或图 4-9(b)所示方式组桥，在初载荷 P_0 时将应变仪调零，增加载荷 $\Delta P'$后，测得弯曲应变 ε_M。根据胡克定律可知弯曲应力为

$$\sigma_M = E\varepsilon_M \quad \text{或} \quad \sigma_{Ma} = E\varepsilon_{Ma}$$

其中

$$\sigma_M = \frac{M}{W} = \frac{6\Delta P' \cdot e}{tb^2}, \quad \sigma_{Ma} = \frac{M}{I} \cdot a = \frac{12\Delta P' ea}{tb^3}$$

因此，所用试样的偏心距 e 为

$$e = \frac{Etb^2}{6\Delta P'} \cdot \varepsilon_M \quad \text{或} \quad e = \frac{Etb^3}{12\Delta P'a} \cdot \varepsilon_{Ma} \frac{n!}{r!(n-r)!} \qquad (4-37)$$

5. 实验步骤

1) 测定轴力引起的拉应变 ε_N

按图 4-8(a)或图 4-9(a)所示的组桥方式连接线路，同时选择好应变仪的灵敏系数 $K_{仪}$，然后检查线路连接的正确性，在确认无误后接通电源进行测试。

先调好所用桥路的初始读数(调零或调为一个便于加减的数)，再采用逐级加载的方法进行加载测试，并及时记录相应的应变读数 ε_{dui}，同时计算对应的拉应变 ε_{Ni}，填入记录表格中，然后卸去全部载荷，重复测量 3 次。

2) 测定弯矩引起的弯曲应变 ε_M

按图 4-8(b)或图 4-9(b)所示的组桥方式连接线路，同时选择好应变仪的灵敏系数 $K_{仪}$，然后检查线路连接的正确性，在确认无误后接通电源进行测试。

先调好所用桥路的初始读数，然后加载至 $\Delta P'$后读取仪器读数 ε_{du}。卸去全部载荷，重复测量 3 次。

3)归整仪器,清理现场

将所测得的数据交由指导教师校核,经教师检查认可后再拆除线路,把所使用的所有仪器按原样归整好,并将实验现场全部清理打扫干净,由指导教师验收合格后方可离开实验室。

4)按要求写出完整的实验报告

6．实验结果处理

根据测得的同载荷下的 ε_N 和 ε_M 值,取 3 次测试结果的平均值按加权平均值进行数据处理,计算构件上所布测点的最大应力,并与由算数平均值计算的理论值进行比较,求出相对误差。

在测得的 ε_N 数据中,比较 3 组测试结果,取数据较好的一组按几何平均值进行数据处理,计算出所用材料的弹性模量 E 及其测量误差。

在测得的 ε_M 数据中,取 3 次测试结果的平均值按调和平均值进行数据处理,计算构件的偏心距 e 及其测量误差。

4.6　薄壁圆筒弯扭组合实验

1．实验目的

(1)用电测法测定薄壁圆筒弯扭组合变形时平面应力状态的主应力的大小及方向,并与理论值进行比较;

(2)进一步掌握电测法。

2．实验仪器和设备

(1)FCL-I 型材料力学多功能实验装置;

(2)HD-16A 静态电阻应变仪;

(3)游标卡尺、钢尺。

3．实验原理

图 4-10 所示薄壁圆筒受弯扭组合作用,使圆筒发生组合变形,圆筒的 m 点处于平面应力状态。在 m 点单元体上作用有由弯矩引起的正应力 σ_x 和由扭矩引起的剪应力 τ_n,主应力是一对拉应力 σ_1 和一对压应力 σ_3,单元体上的正应力 σ_x 和剪应力 τ_n 可按下式计算

$$\sigma_x = \frac{M}{W_z} \tag{4-38}$$

$$\tau_n = \frac{M_n}{W_T} \tag{4-39}$$

式中,M 为弯矩,$M = P \cdot L$;M_n 为扭矩,$M_n = P \cdot a$;W_z 为抗弯截面模量,对空心圆筒,$W_z = \frac{\pi D^3}{32}\left[1 - \left(\frac{d}{D}\right)^4\right]$;$W_T$ 为抗扭截面模量,对空心圆筒,$W_T = \frac{\pi D^3}{16}\left[1 - \left(\frac{d}{D}\right)^4\right]$。

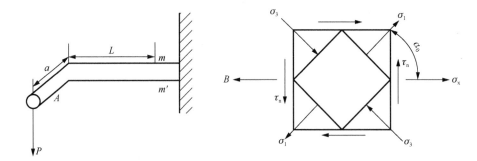

图 4-10　圆筒 m 点应力状态

由二向应力状态分析，可得到主应力及其方向为

$$\begin{cases} \sigma_1 \\ \sigma_3 \end{cases} = \sigma_x / 2 \pm \sqrt{(\sigma_x / 2)^2 + \tau_n^2} \qquad (4\text{-}40)$$

$$\tan 2a_0 = -2\tau_n / \sigma_x \qquad (4\text{-}41)$$

本实验装置采用的是 45°直角应变花，在点 m、m' 各贴一组应变花，如图 4-11 所示，应变花上 3 个应变片的 α 角分别为-45°、0°、45°，该点主应力和主方向为

$$\frac{\sigma_1}{\sigma_3} = \frac{E(\varepsilon_{45°} + \varepsilon_{-45°})}{2(1-\mu)} \pm \frac{\sqrt{2}E}{2(1+\mu)} \sqrt{(\varepsilon_{45°} - \varepsilon_{0°})^2 + (\varepsilon_{-45°} - \varepsilon_{0°})^2} \qquad (4\text{-}42)$$

$$\tan 2a_0 = (\varepsilon_{45°} - \varepsilon_{-45°}) / (2\varepsilon_{0°} - \varepsilon_{-45°} - \varepsilon_{45°}) \qquad (4\text{-}43)$$

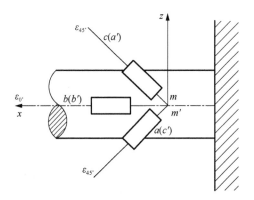

图 4-11　测点应变花布置图

4. 实验步骤

(1)设计好本实验所需的各类数据表格。

(2)测量试件尺寸、加力臂长度和测点距力臂的距离，确定试件有关参数。

(3)将薄壁圆筒上的应变片按不同测试要求接到仪器上，组成测量电桥。调整好仪器，检查整个测试系统是否处于正常工作状态。

主应力大小、方向测定：将 m 和 m' 两点的所有应变片按半桥单臂(1/4 桥)、公共温度补偿法组成测量线路进行测量，如图 4-12 所示。

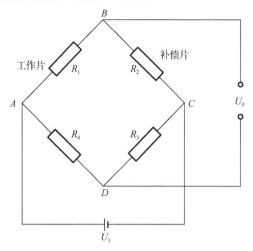

图 4-12　半桥单臂(1/4 桥)接法

(4)拟订加载方案。先选取适当的初载荷 P_0(一般取 $P_0=10\%P_{max}$)，估算 P_{max}(该实验载荷范围 $P_{max}\leqslant700N$)，分 4～6 级加载。

(5)根据加载方案，调整好实验加载装置。

(6)加载。均匀缓慢加载至初载荷 P_0，记下各点应变的初始读数；然后分级等增量加载，每增加一级载荷，依次记录各点电阻应变片的应变值，直到最终载荷。实验至少重复两次。

(7)做完实验后，卸掉载荷，关闭电源，整理好所用仪器设备，清理实验现场，将所用仪器设备复原，实验资料交指导教师检查签字。

(8)实验装置中，圆筒的管壁很薄，为避免损坏装置，注意切勿超载，不能用力扳动。

5．实验记录及数据处理

(1)计算 m 或 m' 点实测值主应力及方向

$$\begin{cases}\sigma_1\\\sigma_3\end{cases}=\frac{E(\overline{\varepsilon}_{45°}+\overline{\varepsilon}_{-45°})}{2(1-\mu)}\pm\frac{\sqrt{2}E}{2(1+\mu)}\sqrt{(\overline{\varepsilon}_{45°}-\overline{\varepsilon}_{0°})^2+(\overline{\varepsilon}_{-45°}-\overline{\varepsilon}_{0°})^2} \qquad (4-44)$$

$$\tan2a_0=(\overline{\varepsilon}_{45°}-\overline{\varepsilon}_{-45°})/(2\overline{\varepsilon}_{0°}-\overline{\varepsilon}_{-45°}-\overline{\varepsilon}_{45°}) \qquad (4-45)$$

(2)由式(4-47)和式(4-48)计算 m 或 m' 理论值主应力及方向。

(3)将 m 点主应力及方向的实验值与理论值比较。

4.7　压杆稳定性实验

1．实验目的

(1)观察压杆的失稳现象；

(2)测定两端铰支压杆的临界载荷 F_{cr}；

(3) 观察改变支座约束对压杆临界压力的影响。

2. 实验仪器和设备

(1) 多功能力学实验台；
(2) 游标卡尺及卷尺。

3. 试件

试样是用弹簧钢 60Si$_2$Mn 制成的矩形截面细长杆，名义尺寸为 3mm×20mm×300mm，两端制成刀口，以便安装在实验台的 V 形支座内。试样经过热处理：870℃淬油，480℃回火。

4. 实验原理和方法

两端铰支的细长压杆，临界载荷 F_{cr} 用欧拉公式计算：

$$F_{cr} = \frac{\pi^2 EI}{L^2} \tag{4-46}$$

式中，E 是材料弹性模量，I 为压杆横截面的最小惯性矩，L 为杆长。这公式是在小变形和理想直杆的条件下推导出来的。当载荷小于 F_{cr} 时，压杆保持直线形状的平衡，即使有横向干扰力使压杆微小弯曲，在撤除干扰力以后仍能回复直线形状，是稳定平衡。

当载荷等于 F_{cr} 时，压杆处于临界状态，可在微弯情况下保持平衡。以载荷 F 为纵坐标、压杆中点挠度 δ 为横坐标，按小变形理论绘制的 F-δ 曲线如图 4-13 中的 OAB 折线所示。但实际上杆不可能是理想的直杆，载荷作用线也不可能理想地与杆轴重合，材料也不可能理想地均匀。因此，在载荷远小于 F_{cr} 时就有微小挠度，随着载荷的增大，挠度缓慢地增加，当载荷接近 F_{cr} 时，挠度急速增加，其 F-δ 曲线如图中 OCD 所示。工程上的压杆都在小挠度下工作，过大的挠度会产生塑性变形或断裂。只有比例极限很高的材料制成的细长杆才能承受很大的挠度，使载荷稍高于 F_{cr}（如图中虚线 DE 所示）。

实验测定 F_{cr}，在杆中点处两侧各粘贴一枚应变片，将它们组成半桥，记录应变仪读数 ε_{du}，绘制 F-ε_{du} 曲线。作 F-ε_{du} 曲线的水平渐近线，就可得到临界载荷 F_{cr}。

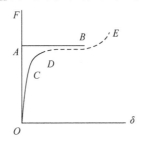

图 4-13　F-δ 曲线

5. 实验步骤

(1) 测量试样尺寸。用钢板尺测量试样长度 L，用游标卡尺测量试样上、中、下三处的宽度 b 和厚度 t，取其平均值，用来计算横截面的最小惯性矩 I。

(2)拟定加载方案,并估算最大容许变形。按欧拉公式计算 F_{cr},在初载荷(200N)到 $0.8F_{cr}$ 间分 4～5 级加载,以后应变仪读数 ε_{du} 每增加 $20\mu\varepsilon$ 读一次载荷值(应变仪测变形时)。

取许用应力 $[\sigma]$=200MPa,按下列公式估算容许最大挠度 δ_{max} 或容许最大应变仪读数 $\varepsilon_{du,max}$:

$$\frac{F_{\alpha}}{bt}+\frac{E\varepsilon_{du,max}}{2}\leqslant[\sigma] \tag{4-47}$$

(3)YE2538A 程控静态应变仪 0 通道设置,调整。设置校正系数 2.04、载荷限值 2600N,按[BAL]和[MEAS]键备用。

(4)安装试样,准备测变形仪器,加初载荷,记录初读数。试样两端应尽量放置在上、下 V 形座正中央。用应变仪测变形,可按如下步骤进行:将试样两侧的应变片组成半桥,加载前就调电桥平衡,加 200N 初载荷后,记录应变仪读数。

(5)按方案加载,记录数据。按方案加载,每级加载后,读取载荷值和应变仪读数 ε_{dui}。由于接近临界载荷时,加载手轮一旦停止转动,载荷就逐渐减小,而变形却继续增加,以致无法准确读取数据。这时,每级加载在 ε_{du} 增加 $10\mu\varepsilon$ 时,就停止转动手轮,待 ε_{du} 增加 $20\mu\varepsilon$ 时,立即读取载荷值。当载荷增量很小(但变形不超过 δ_{max} 或 $\varepsilon_{du,max}$)时,即可停止实验。实验数据以表格形式记录。

(6)卸去载荷,实验台恢复原状。

6.实验结果处理

(1)据实验数据在方格纸上画出 F-ε_{du} 曲线,作它的水平渐近线,确定临界载荷 F_{cr} 实验值。

(2)据尺寸测量数据计算宽度平均值和厚度平均值,从而计算最小惯性矩 I_{min},用以理论值为准计算临界载荷实验值的相对误差。

(3)原始数据以表格形式示出,如表 4-2 所示。

表 4-2　实验数据记录表

长度 L/mm	宽度 b/mm				厚度 t/mm				最小惯性矩/mm⁴	弹性模量 E/GPa	许用应力 [σ]/MPa
	上	中	下	平均	上	中	下	平均			
加载过程											
分级级数 i	0	1	2	3	4	5	6		7	8	9	10
载荷 F_i/N	0	200										
应变仪读数 ε_{dui}($\mu\varepsilon$)	/											

第5章 综合设计实验

5.1 超静定桁架结构设计与应力分析实验

1. 实验目的

(1)了解超静定桁架结构的受力特点与工程应用;

(2)了解超静次数对桁架杆件受力的影响。

2. 实验要求

(1)采用实验台配套的组合杆件和连接件,搭接一个 1 次超静定桁架,说明应用背景;

(2)测量各杆件的应变,计算所受轴力;

(3)理论计算各杆轴力并与实测结果对比,分析误差原因;

(4)设法增加一次超静定次数,重新测量各杆受力,并对结果进行分析。

3. 实验仪器设备与工具

(1)组合实验台;

(2)系列力和应变综合参数测试仪;

(3)力传感器;

(4)杆件;

(5)钢尺。

4. 实验原理与方法

如图 5-1 所示,以两个置于滑轨上可以推拉固定的直角刚架为基本构件,两侧立柱可以搭接其他构件构成不同的组合结构。两个构件的两侧固定于滑轨上,能在立柱上搭接数种超静定组合桁架,模拟屋架结构;若在上方再增加斜杆,可提高屋架刚度,增加超静次数。根据工程力学知识分析超静定组合桁架各杆件的受力及支座反力。为了测量组合桁架各拉压杆的应力,在杆件表面平行于轴线方向贴应变片。实验可以采用半桥接法,将实测应力值与理论应力值进行比较,并分析误差出现的原因。

5. 实验步骤

(1)设计本实验所需的桁架模型,拟定加载方案,并做好各类数据表格。

(2)在滑轨上移动两侧的直角刚架,通过滑轨侧面的刻度尺使得两侧的直角刚架左右对称,然后用内六角扳手拧紧固定螺丝,固定直角刚架的位置。

(3)按设计的桁架模型连接各杆件,并固定好连接螺丝。注意在连接杆件过程中要先穿螺丝,然后将杆件套在螺丝上,最后拧上螺母。

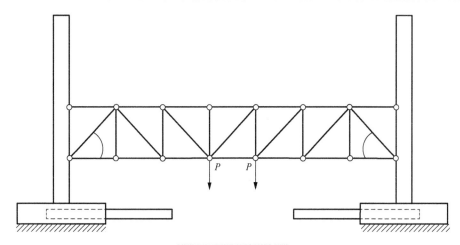

图 5-1　平面桁架构型

（4）记录每个杆件的应变片编号，并将应变片连线接入力和应变综合参数测试仪中。

（5）安装传力杆件，注意要从上向下依次连接各杆件，并将力传感器的连线接入力和应变综合参数测试仪中。

（6）调整仪器，检查整个测试系统是否处于正常工作状态。

（7）均匀缓慢加载，记录各杆件应变的读数，记入表 5-1 中。

（8）实验至少重复两次。

（9）作完实验后，卸掉载荷，关闭电源，整理好所用仪器设备，清理实验现场，将所用仪器设备复原，实验资料交指导教师检查签字。

6. 实验结果处理

（1）根据应变值计算各杆的应力。

（2）根据荷载求各杆的理论应力值。

（3）分析出现误差的原因。

表 5-1　实验数据记录表格

载荷/kN		应变片读数μ	
累计	增量	累计	增量
0.2			
	0.2		
0.4			
	0.2		
0.6			
	0.2		
0.8			
	0.2		
1.0			
	0.2		
1.2			
平均值			

7．实验注意事项

(1)连接时注意要从上向下依次连接各杆件；

(2)加载时要均匀且缓慢，防止梁突然失稳；

(3)实验至少重复两次以减少误差；

(4)加载时要注意观察杆件的变形情况。

5.2 组合梁应力分析实验

1．实验目的

(1)用电测法测定两根梁组合以后的应力分布规律,从而为建立理论计算模型提供实验依据。

(2)通过实验和理论分析,了解各种不同组合梁的内力及应力分布的差别。

(3)进一步学习多点测量技术和组桥分离内力的方法。

2．实验背景与基本原理

本书 4.3 节曾介绍过单根矩形截面梁的应力测定,事实上生产实践中的梁往往是由两根以上的梁组合而成的。譬如汽车板簧由多层弯曲的钢板重叠组合而成,工厂中桥式吊车大多是组合结构,吊车轨道梁则是钢筋混凝土梁与钢轨共同支撑着吊车的重量等。生产实践中的组合梁往往是复杂的、多样的。为了便于在实验室进行实验,现对复杂多样的实际问题进行简化。选择相同截面的两根矩形梁,按下述 3 种方式进行组合:①相同材料组成的叠梁;②不同材料组成的叠梁;③楔块梁。通过实验分析比较它们的承载能力、内力分配及应力分布等的共同点和不同点,从而建立力学计算模型。

实验时,在梁的某一截面沿高度方向布贴多枚电阻片,通过应力测量和分析讨论能解决以上问题。各种梁的受力状态及电阻应变片布置如图 5-2 和图 5-3 所示。

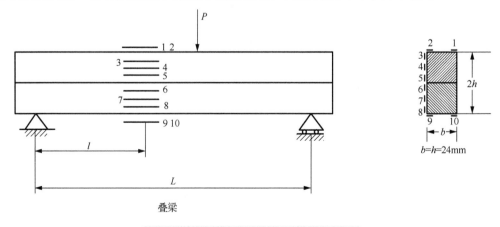

叠梁

图 5-2 叠梁的受力状态及电阻应变片布置

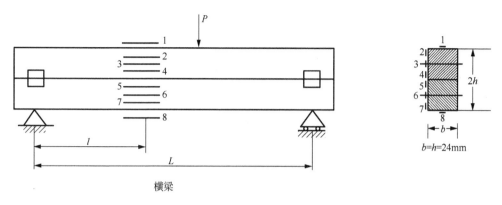

图 5-3 楔梁的受力状态及电阻应变片布置

3. 实验装置与仪器设备

(1)叠梁有两种，一种是钢和钢同种材料组成的叠梁，另一种是钢和铝两种不同材料组成的叠梁，尺寸如图 5-2 所示。

(2)楔块梁的几何尺寸如图 5-3 所示，$b = h = 24\text{mm}$，$L = 360\text{mm}$，$l = 120\text{mm}$。

(3)组合实验台。

(4)静态数字式电阻应变仪及多点预调平衡箱。

4. 实验步骤

(1)实验前在课堂上讨论以下问题。

① 分析整梁(矩形截面 $H = 2h$，$B = b$)、同种材料叠梁、不同材料叠梁在相同的支承和加载条件下承载能力的排列顺序。判断的根据是什么？

② 上述 3 种梁的应力沿截面高度是怎样分布的？其内力大小与性质有什么共同点和不同点？

③ 如果再将同种材料的楔块梁加以比较，其承载能力应排列第几位？为什么？

④ 楔块梁的应力分布有什么特点？它与叠梁有何不同？内力性质有何变化？

(2)每个实验小组测量一种梁的应力分布，采用单臂多点测量，并分析如何用测得的应变求出内力的大小及内力的种类和性质。

(3)公布各组的测试结果，分析和比较测试数据的差别，并分析讨论。

① 根据测试结果如何判断承载能力的高低？

② 如何根据测试结果求得各项内力？

③ 如何根据测试结果判断各种梁是否有轴向力作用及轴向力产生的原因？如何根据测试结果求轴向力和弯矩的大小？

④ 如何判断测试结果的正确性？即除理论计算外，如何根据实验值本身来校核实验结果的正确性。

5. 预习要求

(1)预习本实验内容，认真思考讨论题，带着预习存在的问题参加课前及课后讨论。

(2)复习材料力学中有关梁的应力与变形的内容及超静定梁的分析计算方法,并联系本实验内容进行分析思考。

6. 实验报告要求

除按照既定格式完成报告外,分析并完成以下各项要求:

(1)根据梁上各点应变的测量值计算应力,并用坐标纸画出应力沿高度的分布规律。每人的实验报告中都要列入钢—钢叠梁、钢—铝叠梁、楔块梁 3 组数据,以进行分析比较。

(2)试根据两类叠梁的实测应力分布情况,建立理论计算模型并进行计算,将计算结果与实验值进行比较,分析误差原因。

(3)将课堂讨论总结归纳,并得出正确的结论。

(4)分析楔块的作用,如何使楔块梁与整梁承载能力更加接近。

(5)校核实验结果的正确性,并计算误差、分析误差产生的原因。

(6)上、下梁材料相同,宽度 b 相同,h 不同的叠梁,同一截面最大应力绝对值是否相同?为什么?

(7)钢—铝叠梁所测截面最大应变绝对值是否相同?为什么?

5.3　薄壁构件拉伸实验

1. 实验目的

(1)研究薄壁构件的承载能力和载荷作用点、大小和方向的关系;

(2)应用叠加原理,计算多载荷下薄壁构件组合应力,并与实验测试结果进行比较。

2. 实验背景简介

薄壁构件具有强度高、质量轻、造价低等特点,在建筑结构和桥梁工程中得到了广泛的应用。现代工程结构如桥梁中的主梁、高层建筑中的剪力墙、电梯井等结构均可作为薄壁构件。随着建筑和冶金等工业的迅速发展,交通和城市建设不断向前迈进,特别是钢材和轻合金材料的强度日益提高,进一步促进了结构构件向薄壁方向发展。由于结构的多样性与复杂性,使得薄壁结构的极限承载力由稳定条件和强度条件共同控制,因此薄壁构件的稳定和强度问题越来越成为关注的重点。

3. 试件

如图 5-4 所示的等边角钢,上、下两个端面用足够强度和刚度的钢板固定,并在角钢的形心(C_1,C_2)、边上(L_1、L_2,M_1、M_2 和 N_1、N_2)安装有 8 个可以加载的孔。

型号为 56×56×4 在横截面的两侧对称于 x_0 轴的两侧各粘贴 3 片应变片,角顶上 1 片,共 7 片,横截面尺寸及测点位置见图 5-4。

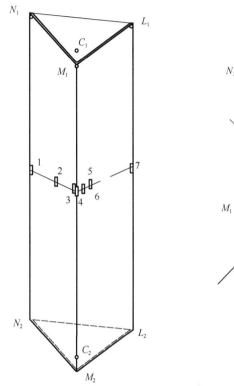
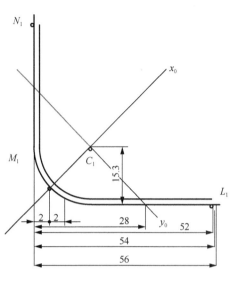

图 5-4　试件形式与尺寸

4.　实验内容及要求

(1) 设计最简单的加载方式，通过实验确定试件的形心位置。

(2) 分析计算沿角钢两端不同加载点组合拉伸时，它的承载能力的差值。

(3) 实验测试各种工况下试件中间的变形情况，并与理论计算比较。

5.4　薄壁圆筒压、弯、扭组合实验

1.　实验目的

测定薄壁圆筒受内压、弯、扭组合载前作用时指定截面上的内力素，以及指定点的主应力和主方向。

2.　实验装置与试件

测试实验装置如图 5-5(a)所示。薄壁圆筒用不锈钢或铝合金制成，左端固定，借固定在圆筒右端的水平杆加载。圆筒两头封闭，左端面有注油接头，可用手动泵从此处向圆筒内注入压力油，注油接头上方有排气栓。

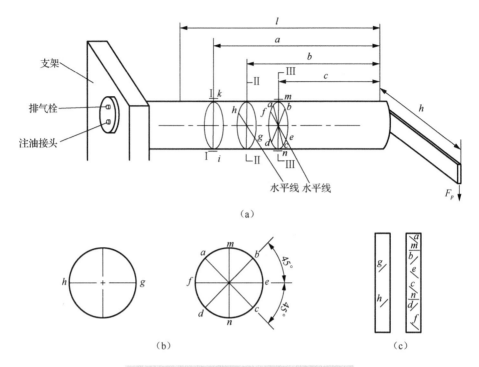

图 5-5　薄壁圆筒内压、弯、扭组合实验装置

当通过水平杆加载时可实现薄壁圆筒受弯、扭组合载荷作用。当同时注入内压时，可实现薄壁圆筒受内压、弯、扭组合载荷作用。

截面Ⅱ-Ⅱ和Ⅲ-Ⅲ上分别布置应变片，用来测定该二截面上的内力素。截面Ⅰ-Ⅰ上布置应变花用来测定该截面上指定点的主应力和主方向。图 5-5(b)、(c)所示为应变片布置和展开示意图，供实验者参考，实际布片方案由实验者自行确定。

薄壁圆筒所用材料的力学性能数据为已知，也可以由实验中自行测定。

3．实验内容与要求

(1)结合实验装置提出测定薄壁圆筒指定截面上的内力素布片原则、应变成分分析和各种组桥方案。

(2)测定薄壁圆筒受内压、弯、扭组合载荷作用时指定截面上的弯矩、扭矩、剪力和轴力，以及指定点的主应力和主方向。

(3)根据实验数据，比较、分析薄壁圆筒受内压、弯、扭组合载荷作用时指定截面上的内力，以及指定点的主应力和主方向理论解与实测结果之间的差异，计算相对误差，并分析误差产生的原因。

(4)测定薄壁圆筒受内压、弯、扭组合载荷作用时油液的压强。

(5)学习布片原则、应变成分分析和各种组桥方法。

5.5　开口薄壁构件应力测试实验

1．实验目的

研究开口薄壁截面杆件的受力变形特点和应力分布规律，学习薄壁截面杆件内力分析和理论计算方法。

2．实验装置与试件

开口薄壁截面杆件实验装置可采用厚度为 1mm 的钢板加工成所要求的形式，如工字形、槽形和开口口字形等。图 5-6 是工字形开口薄壁杆件示意图。试件两端各有 4 个加力点，可以通过连接加载附件施加轴向载荷，实现多种外力的组合，如单点拉(压)、两点拉(压)、四点拉(压)、拉弯组合、纯弯、力偶矩等多种载荷形式。图 5-6 所示为对角压加载连接方式示意图。

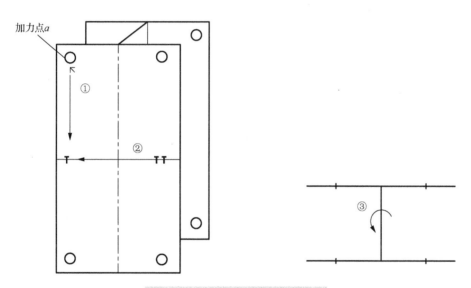

图 5-6　工字形开口薄壁杆件示意图

本实验采用电测方法测量应变。应变片应有 45° 应变花和单片两种，应变片按以下方案布片(仅供参考)：

第一组为布置在主测量面的加力点 a 到试件中心线上的应变花；

第二组为布置在主测量面中心线上中间的几个测量点的单轴应变片；

第三组为布置在主测量面中心线开口边缘处的单轴应变片。

3．实验内容与要求

实验前每个小组要设计两种加载方式(其中一种须含有力偶)，并根据本组的实验条件制定本组实验方案。试件按设计的加载方式连接到实验机上，实验过程由各组安排。

实验测得的应变数据，要认真记录并及时分析数据有无规律性、有无坏点，如有问题应检查原因再加载实验。实验后组织全班讨论。

数据整理参考要求：

(1)作被测试件示意图，标明试件尺寸、应变测量点位置及加载方式。

(2)检查数据、剔除坏点，确认应变仪测量的各通道应变信号在试件上的位置。

(3)整理实验数据，将一定载荷下各测量点的应变值 $\varepsilon_{0^{\circ}}$（$\varepsilon_{90^{\circ}}$ 和 $\varepsilon_{45^{\circ}}$）列表，由各点测量的应变值计算应力值 σ_x（σ_y 和 τ_{xy}）并列表。

(4)在试件示意图上，标明各点应变值；根据实验结果，总结应变或应力分布规律，讨论实验结果正确性。

(5)用实心截面分析内力的方法计算试件对称中心线上应力，并与实验结果比较，分析造成差别的原因。

(6)试分析被测试件在所加的外力作用下是否存在双力偶。

(7)试计算所测试件的主扇形面积，并作示意图。

(8)试计算在双力偶作用下的薄壁截面杆件试件关键部位的应力值，说明应力分布规律并与实验结果比较。

(9)根据数据整理情况，完成实验报告。

第2部分 专题试验

第6章 棉花秸秆的力学试验

1. 试验材料

采用随机取样，选取棉秆主茎顺直、粗细均匀且无虫眼、无破坏的棉秆，如有侧枝，则锯掉侧枝，但不得造成棉秆破裂。

用精度为 0.02mm 的游标卡尺分别测量试样两端两个正交方向的直径，以这 4 个数值的平均值作为试样的平均直径，采用 3 次测量求平均值的方法最终确定试样尺寸。

2. 试验仪器

(1) 电热鼓风干燥箱；
(2) JCS-A 型电子天平；
(3) 游标卡尺、普通木工锯及剪刀等；
(4) WDW-10 型电子万能试验机。

6.1 弯 曲 试 验

1. 试验方法

采用三点弯曲方法，测定棉秆试样发生破坏时的最大载荷，试验方法参考《GB/T 1936.1—2009 木材抗弯强度试验方法》。试验装置的支座及压头端部的曲率半径为 10mm，两支座间距离为 120mm，如图 6-1 所示，传感器量程为 10kN，加载速度设定为 20mm/min，记录棉秆发生断裂时的最大弯曲载荷。

棉秆弯曲强度计算公式为

$$\sigma_b = \frac{8P_b L}{\pi d^3} \tag{6-1}$$

式中，σ_b 为抗弯强度，MPa；P_b 为弯曲破坏载荷，N；d 为试样平均直径，mm；L 为试验所取标距，120mm。

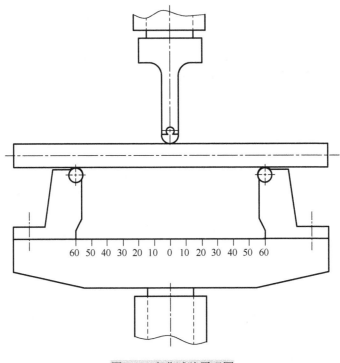

图 6-1　弯曲试验原理图

2. 试验结论

如表 6-1 所示，棉秆弯曲试验共 6 个批次，每批次 20 个试样，试样的平均直径 12.79～15.15mm。第 3 批棉秆试样弯曲破坏载荷最大，为 265.43N，第 1 批棉秆试样弯曲破坏载荷最小，为 142.60N；第 6 批棉秆试样抗弯强度最大，为 33.00MPa，第 1 批棉秆试样抗弯强度最小，为 15.09MPa。

表 6-1　棉秆试样抗弯强度

批次	平均直径 d/mm	弯曲破坏载荷 P_b/N	抗弯强度 σ_b/MPa
1	14.11	142.60	15.09
2	13.81	229.98	26.11
3	13.99	265.43	27.10
4	12.79	162.73	23.50
5	15.15	243.23	26.30
6	12.96	231.45	33.00

6.2　拉　伸　试　验

1．试验方法

试验参考《GB/T 1938—2009 木材顺纹抗拉强度试验方法》进行，选用 10kN 拉压传感器和 9～14mm、14～20mm 夹具，加载速度设定为 20mm/min，如图 6-2 所示。拉伸试验分 6 个批次，第 1 批次和第 2 批次试验时，由于棉秆含水率较高，为防止在试验过程中出现打滑现象，去除两端夹持部位的棉秆表皮，第 3～6 批次试样未去除两端棉秆皮，试验正常。

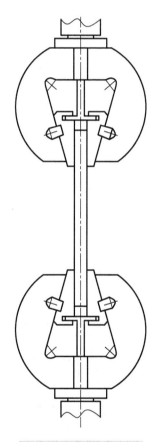

图 6-2　拉伸试验原理图

棉秆拉伸强度计算公式为

$$\sigma = \frac{4P}{\pi d^2} \tag{6-2}$$

式中，σ 为抗拉强度，MPa；P 为拉伸破坏载荷，N；d 为试样平均直径，mm。

2．试验结论

如表 6-2 所示，在本试验条件下，第 1 批次的棉秆试样抗拉强度最高，为 38.47MPa；第 6 批次的棉秆抗拉强度最低，为 21.79MPa。

表 6-2　棉秆试样抗拉强度

批次	平均直径 d/mm	拉伸破坏载荷 P/N	抗拉强度 σ/MPa
1	14.64	4245.10	38.47
2	14.19	3697.50	31.32
3	13.37	3390.25	23.93
4	12.62	3189.40	25.82
5	15.00	3828.30	21.89
6	12.28	2529.65	21.79

6.3　剪　切　试　验

1．试验材料

选取茎秆顺直、无病虫害、无缺陷的棉花秸秆，手工去掉壳、叶和侧枝，用毛巾擦拭干净，且棉秆试样尽量避开节点。

进行该试验以确定棉花秸秆(茎)的弯曲应力、弹性模量、剪切应力和特定剪切能量与水分含量的函数关系。此外，还须研究秸秆(茎)直径对弯曲弹性模量的影响以及根据秸秆(茎)区的剪切应力和特定剪切能的变化。表 6-3 中详述了研究中讨论的自变量的值。

表 6-3　试验中相关和独立变量值

因变量	自变量	值
弯曲压力	水分含量，%d.b.	15，30，55，75
弹性模量	水分含量，%d.b.	15，30，55，75
	秸秆(茎)直径，mm	从 15 到 25
剪切应力和特定的剪切能量	水分含量，%d.b.	20，35，50，65，80
	秸秆区域	上，中，下

棉花秸秆(茎)的直径朝植物顶部减小，这意味着由于横截面的不均匀性，它在不同高度显示出不同的物理机械性质。因此，它被平均分成 3 个高度区域：上部(A)、中部(B)和下部(C)，如图 6-3 所示。高度约 200mm 的区域(D)由于其木质结构而与其他区域不同，因此不包括在该试验中。

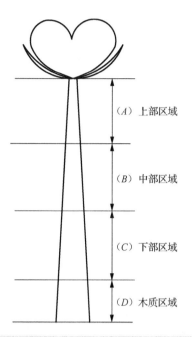

图 6-3　棉花秸秆的切削试验评价茎区域

2．试验仪器

(1) 电热鼓风干燥箱；

(2) FA1004 型分析电子天平；

(3) 试验剪切装置；

(4) 游标卡尺、普通木工锯及剪刀等；

(5) 微机控制电子式万能试验机（RGM4100）。

3．试验方法

本试验采用垂直切割，因为大多数研究人员使用这种方法来确定生物材料的切割力。为了确定棉花秸秆(茎)的剪切力，使用了图 6-4 所示试验剪切装置。该试验台有 3 个主要部件，即固定和移动压板、驱动单元(AC 电动机、电子变速器和减速单元)和数据采集系统(称重传感器、个人计算机卡和软件)。

收集的棉花秸秆(茎)根据图 6-3 区域的直径限制被切断。用角度为 40°、边缘半径为 0.05 mm 的扁平刀剪切茎秆试样。以 1.2 mm/s 刀速进行剪切试验，并在 5 种水分含量下重复 3 次。在剪切点测量棉花秸秆(茎)的直径，称量样品，并在 102℃下烘箱干燥 24h，并再次称重以确定水分含量。

在剪切试验期间，记录了在称重传感器上相对于刀具穿透的剪切力。通过下式计算剪切应力 τ(MPa)

$$\tau = \frac{F_{s\max}}{A} \tag{6-3}$$

式中，$F_{s\max}$ 是最大剪切力；A 是剪切面上的茎秆的横截面积，单位为 mm^2。

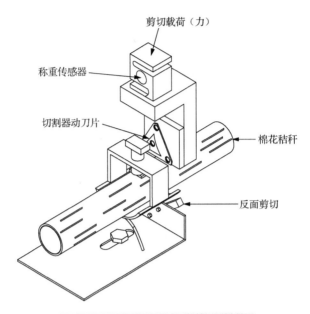

剪切载荷（力）

称重传感器

切割器动刀片

棉花秸秆

反面剪切

图 6-4　用于切割棉秆(茎)的测试装置

根据剪切速度和时间，计算刀位移，并绘制每个秸秆(茎)直径的力-位移曲线。通过使用这些曲线下的面积计算剪切能量。为此，将曲线下面积划分为基本几何形状，并通过使用标准计算机程序借助力和位移数据计算曲线下面积。

具体剪切能量 E_{sc} (mJ/mm^2)通过下式计算

$$E_{sc} = \frac{E_s}{A} \tag{6-4}$$

式中，E_s 是以 mJ 为单位的总剪切能量。

第 7 章 红枣果肉的抗压试验

1．试验材料

试验采用灰枣和骏枣这 2 个红枣品种，试验枣样要求形态规整、大小均匀、无损伤、无病虫害。灰枣横向和纵向直径的范围分别为 21～27mm、24～29mm；骏枣呈锥形，较大一端(顶端)的横向直径范围为 26～37mm，较小一端(底端)的横向直径范围为 20～27mm，纵向直径范围为 35～42mm。样品容量为 25 个，分 3 个批次。

2．试验仪器

(1)电热鼓风干燥箱；
(2)FA1004 型分析电子天平；
(3)Instron 万能试验机(Model Santam SMT-20)；
(4)数字测微计；
(5)普通木工锯及剪刀等。

3．试验方法

将红枣样品切开、去核，将新鲜果肉制成长方体形状，样品尺寸为 10mm×5mm×8mm (长×宽×厚)，并确保试样周围无撕裂口和断裂点。在 20℃恒温环境中，将试样放在由计算机控制的 Instron 万能试验机(Model Santam SMT-20)上进行抗压试验，如图 7-1 所示。

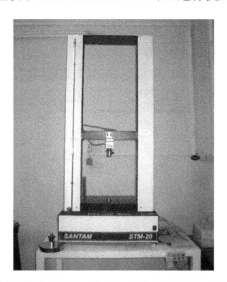

图 7-1 试验中使用的万能试验机(Model Santam SMT-20)

通过使用 Instron 万能试验机进行的准静态加载装置测定红枣果实的一个压缩轴(与纵向一致)的机械性质。该装置包括一个下板,在该板上放置一个单独的水果,上板以 3mm/min 的速度匀速向下移动,距离样品表面的初始距离为 10mm,压缩两个平行板之间的枣,直到它破裂。称重传感器连接到固定的上板并检测施加到样品上的力,该力随时间增加并将数据传输到计算机。测试重复 50 次。将单独的枣加载在机器的两个平行板之间,并在预设的力条件下压缩直到破裂发生,如图 7-2 的力-变形曲线中的初始破裂点所示。通过力变形曲线的中断检测到初始破裂点,一旦检测到初始破裂,便停止加载。

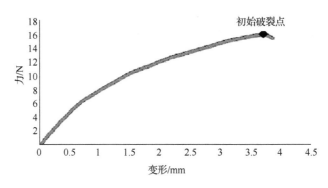

图 7-2　枣果的典型力-变形曲线

4. 试验结果

在初始破裂点测量破裂力和变形。负荷-变形曲线下的面积给定了从加载到破裂期间的破裂能量,通过将破裂力除以破裂变形来计算硬度 Q。

5. 试验分析

通过对灰枣和骏枣这 2 种新鲜红枣果肉的抗压试验进行分析发现,灰枣和骏枣果肉的抗压强度与其硬度呈正相关关系,果肉硬度越大,其抗压强度越大;相同硬度情况下骏枣的抗压强度大于灰枣;灰枣和骏枣的抗压强度随贮藏时间呈指数性衰减,衰减速度与贮藏温度有关,正常情况下贮藏温度越低衰减速度越快。

第8章 香梨准静态力学试验

1. 试验材料

如图 8-1 所示，首先用内径ϕ15mm 的打孔器，在香梨的胴部，即垂直于梗-萼轴线方向，钻取圆柱形试样。然后对圆柱试样两端平行切割，其中果肉试样在近皮部切取，尺寸为直径 15mm、长度 10mm；果核试样在远离果核心部的位置切取，尺寸为ϕ15mm×8mm。果皮分别沿香梨梗-萼方向(纵向)和与之相垂直的方向(横向)分别取样，果皮试样要确保无瘢痕、斑点、损伤点和裂口等缺陷，并且用刀片仔细剔净附着的果肉，果皮的厚度为(0.47±0.06)mm。与果肉压缩试验不同，果皮进行轴向拉伸试验。因此，为了满足拉伸试验要求，果皮试样制取为菱形，窄部位尺寸为 40mm(长)×10mm(宽)。

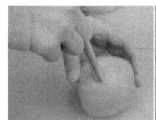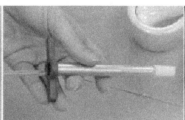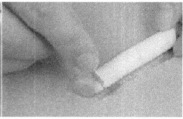

图 8-1 香梨的取样图

2. 试验仪器

(1)内直径 15mm 的打孔器；
(2)电子万能材料试验机；
(3)电子拉伸试验机；
(4)GY-4 型果实硬度计(艾伯仪器公司，美国)。

3. 试验方法

模拟香梨整果压缩过程时，将下平板完全固定，约束所有自由度，上平板施加一向下载荷，其四周施加无摩擦的法向约束。平板视为不可变形刚体，香梨视为可变形弹性体。

1)香梨圆柱试样的压缩试验

香梨圆柱试样的准静态压缩试验采用电子万能材料试验机(SANS，深圳)，传感器类型为 CZL-301(200 kg 量程，精度 0.02)。采用ϕ15mm 平板压头压缩各试样时，要求试样都保持近皮部向上。加载速率为 25.4mm/min，最大加载位移设定为 3mm。在压缩试验中假设：被测试样为均质各向同性材料，在压缩过程不发生应变硬化，泊松比恒定不变，试样径向均匀伸展。试样测试应尽可能快速完成，以防止果肉温度大幅波动及褐变对其机械特性测试结果造成较大误差。

2) 香梨果皮的拉伸试验

香梨果皮拉伸试验采用电子拉伸试验机(D&G，上海)，如图 8-2 所示，上下夹具在夹持果皮时保持平行，避免果皮出现局部松弛和扭转现象，上下夹具之间跨距保持 30mm，预加力 1 N，加载速率 25.4mm/min，以梨皮接近中部断裂为试验成功。

图 8-2　香梨果皮的拉伸试验机

第9章 核桃的破壳压缩试验

1．试验材料

收集后的核桃经(105±1)℃的烘箱保持24h，测定壳的水分含量(取自10个，3次重复)。在测试期间，将干燥的坚果在0℃和60%～65%相对湿度下储存在塑料袋中(防潮)。在压缩试验之前，目视检查坚果，丢弃那些具有损坏壳的坚果。

2．试验仪器

(1)电热鼓风干燥箱；

(2)万能试验拉伸试验机，测试范围在2000kg左右；

(3)测试精度为0.02mm的游标卡尺。

3．试验方法

1)核桃外形的测定

为保证试验质量，每个品种核桃分别挑选30个样本，使用游标卡尺按图9-1所示测量出各个样本的三维尺寸。

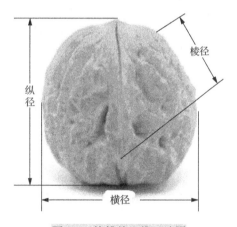

图9-1 核桃的三维尺寸图

采用近似球度公式来表示核桃的外观特征，3个品种核桃的三维尺寸及球度为

$$球度 = \frac{球体近似直径}{最大直径} = \frac{\sqrt[3]{abc}}{最大直径} \tag{9-1}$$

式中，a为横径即核桃沿着短轴方向的最大尺寸，mm；b为纵径即核桃沿着长轴方向的最大尺寸，mm；c为棱径即核桃沿着缝合线短轴方向的最大尺寸，mm。

2)核桃的压缩试验

进行核桃的准静压缩试验，从而得到核桃压缩的破壳力和压缩位移两个基本数据。试验时，通过计算机软件控制万能试验拉伸仪，如图 9-2 所示。第 1 步，调取压缩试验程序，设置试验的加载速率为 15mm/min。第 2 步，先将核桃样本按照一定方向分别放在平板式压头上，并调节上平板压头将核桃样本置于两板中间；然后对软件进行位移置零和压缩力置零处理，单击"开始"按钮即开始压缩试验；试验结束后，将生成的数据文件复制出来，在计算机中应用 Origin 软件绘制出压缩的破壳力随压缩位移变化的二维图像。

图 9-2　万能试验拉伸仪测试核桃破壳试验

第 10 章　塑料地膜力学试验

1. 试验材料

试验采用新疆农业中常用的普通膜,地膜规格为 2050mm×0.01mm(宽×厚)。

2. 试验仪器

(1)美工刀、直尺;

(2)AFG5 高精拉力测试仪;

(3)MD783 的湿度检测仪;

10.1　拉断力和膜-土黏附力试验

1. 地膜拉断力

样品尺寸为 100mm×100mm(长×宽),用清水洗净,平铺自然晾干后作为测试对象,取样样品无可见破损。地膜拉断力试验示意图如图 10-1 所示,试验过程主要模拟残膜回收机起膜部件挑膜过程。地膜拉断力试验结果如表 10-1 所示。

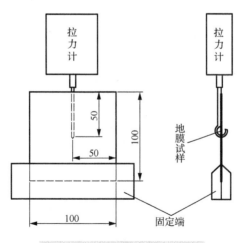

图 10-1　地膜拉断力试验示意图

表 10-1　地膜拉断力

序号	拉断力/N
1	8.1
2	7.9
3	7.3
4	7.4
平均值	7.68

2．膜-土黏附力试验

试验过程主要模拟残膜回收机起膜部件挑膜时，克服表层地膜和土壤之间黏附力作用，地膜-土壤之间黏附力如表 10-2 所示。膜的黏附力最大为 0.92N，最小为 0.66N。

表 10-2　膜-土黏附力

序号	黏附力/N
1	0.66
2	0.81
3	0.79
4	0.92
平均值	0.86

10.2　地膜拉伸性能试验

根据塑料拉伸测试标准 GB/T 1040—2006，合成树脂和塑料的拉伸行为主要有 4 种形式：①a 类，脆性材料，无屈服现象；②b 类，韧性材料，有屈服现象，且屈服后应力会升高；③c 类，韧性材料，有屈服现象，且屈服后应力不再升高；④d 类，韧性材料，无屈服现象。4 种材料的应变-应力曲线如图 10-2 所示。

对于 a、d 类不存在屈服现象的材料，以断裂拉伸应变 ε 表示，为

$$\varepsilon = \frac{\Delta L_0}{L_0} \times 100 \qquad (10\text{-}1)$$

式中，ε 为断裂拉伸应变，比值或%；L_0 为试样原始标距，mm；ΔL_0 为试样标距间长度的增量，mm。

对于 b、c 类存在屈服现象的材料，以断裂标称应变 ε_t 表示，为

$$\varepsilon_t = \frac{\Delta L}{L} \times 100 \qquad (10\text{-}2)$$

式中，ε_t 为断裂标称应变，比值或%；L 为夹具间的初始距离，mm；ΔL 为夹具间距离的增量，mm。

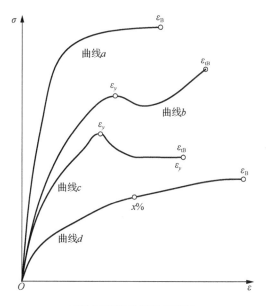

图 10-2　应变-应力曲线

试验装置包括型号为 WDW-10J 的 10kN 万能试验机，塑料拉伸试样专用裁刀，整套试验装置如图 10-3 所示。

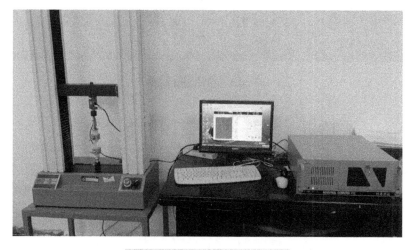

图 10-3　塑料地膜拉伸试验装置

取未铺的地膜样品，由于塑料地膜属于有屈服现象的材料，根据 GB/T 1040.3—2006，取 3 种地膜横向方向用专用裁刀将 3 种地膜冲裁成宽度为 10mm、长度为 150mm 的二型长条试样，如图 10-4 所示。在试验过程中，地膜试样装夹在两端夹具中，装夹过程中确保试样的长轴与夹具中心线方向重合，夹具加持力适中，尽量防止地膜试样相对于夹具滑动，且不会在夹具处引起试样未试验而产生破坏。两个夹具间初始距离为 50mm，其中一端固定不动，另一端受到试验机拉伸而产生移动对试样进行单向拉伸，拉伸速度为 500mm/min。

图 10-4　二型试样尺寸

在试验田里用剪刀裁取已铺使用过的地膜，尺寸 500mm×1000mm，样品表面没有可见的缺陷、裂纹或其他瑕疵。用专用裁刀冲裁成宽度为 10mm、长度为 150mm 的二型长条试样。

参照 GB/T 1040—2006，试验拉伸速率为 500mm/min，初始距离为 50mm。拉伸试验过程如图 10-5 所示，从图中可以看出，地膜试样在拉伸的过程中不断被拉长，宽度逐渐变窄，且透光性明显增强，地膜的厚度随着拉伸而变薄，直至断裂。

图 10-5　拉伸试验过程

10.3　地膜直角撕裂性能试验

直角撕裂强度是测定塑料薄膜耐撕裂性能的试验方法，通过对试样进行拉伸，使试样在直角口处撕裂，从而测定试样的撕裂强度，也是塑料薄膜物理性能的一个重要指标。通过进行直角撕裂性能试验，得出地膜的撕裂强度，为地膜的机械化回收提供一定的参考依据。

根据《QB/T 1130—1991 塑料直角撕裂性能试验方法》，试验结果以试验撕裂过程中的最大负荷值作为直角撕裂负荷，单位为 N。

直角撕裂强度用 σ_s 表示为

$$\sigma_s = \frac{P}{d} \tag{10-3}$$

式中，σ_s 为直角撕裂强度，kN/m；P 为撕裂负荷，N；d 为试样厚度，mm。

取未铺使用的地膜样品，由于塑料地膜属于有屈服现象的材料，根据 QB/T 1130—1991，取 3 种地膜横向方向，用专用裁刀将 3 种地膜冲裁成呈燕尾状试样，长度为 100mm，宽度为 20mm，具体尺寸如图 10-6 所示。将试样对准两夹具中心方向分别夹入夹具一定深度，保证试样在平行位置上充分均匀夹紧，两个夹具间初始距离为 50mm，其中一端固定不动，另一端受到试验机拉伸而产生移动。对试样进行单向拉伸，拉伸速度为 200mm/min。

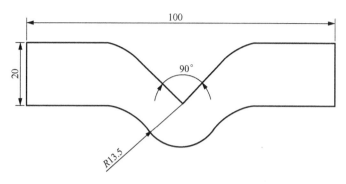

图 10-6　直角撕裂试样尺寸

在试验田里用剪刀裁取试验田间已铺使用过的地膜，尺寸 500mm×1000mm，确保样品表面没有可见的缺陷、裂纹或其他瑕疵。将试验样品对叠成 8 层，然后用专用裁刀冲裁成燕尾状试样。

与前面一样，参照 QB/T 1130—1991，试验拉伸速率为 200mm/min，初始距离为 50mm，直角撕裂试验后样品及试验过程如图 10-7 所示，从图中可以看出，地膜试样在拉伸的过程中由燕尾状逐渐变成长条状，从直角豁口处开始裂开直至撕裂，试样裂口处有小突起，表明试样先从直角豁口处裂开，裂开到一定程度以后不再撕裂，而是整体承受拉伸直至断裂。

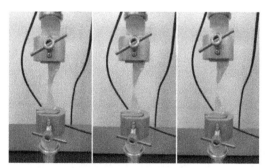

图 10-7　直角撕裂试验过程

参 考 文 献

陈锋，段自力，王文安，1999．材料力学实验[M]．武汉：华中理工大学出版社．

杜云海，2012．材料力学实验[M]．郑州：郑州大学出版社．

范钦珊，王杏根，陈巨兵，2006．工程力学实验[M]．北京：高等教育出版社．

何少华，文竹青，娄涛，2002．试验设计与数据处理[M]．长沙：国防科技大学出版社．

李云雁，胡传荣，2005．试验设计与数据处理[M]．北京：化学工业出版社．

R.L. 奥特，M. 朗格内克，2003．统计学方法与数据分析引论[M]．张忠占，等，译．北京：科学出版社．

单祖辉，2003．材料力学[M]．北京：高等教育出版社．

宋秋红，袁军亭，兰雅梅，2011．力学基础实验指导——理论力学、材料力学、流体力学[M]．上海：同济大学出版社．

王斌，刘德华，张淑娟，2017．核桃物理力学特性参数的试验研究[J]．农机化研究，39（08）：165-169．

王清远，陈孟诗，2007．材料力学实验[M]．成都：四川大学出版社．

王绍铭，熊莉，陈时通，等，2000．材料力学实验指导[M]．北京：中国铁道出版社．

王育平，边力，滕桂荣，等，2004．材料力学实验[M]．北京：北京航空航天大学出版社．

张小凡，谢大吉，陈正新，1994．材料力学实验[M]．北京：清华大学出版社．

İnce A，Uğurluay S，Güzel E，et al，2005. Bending and shearing characteristics of sunflower stalk residue[J]．Biosystems Engineering，92（2）：175-181．

ZARE D，SAFIYARI H，SALMANIZADE F，2014．Some physical and mechanical properties of jujube fruit[J]. Electronic Journal of Polish Agricultural Universities，175（2）：11-18．

附录Ⅰ 基础力学实验国家标准

序号	编号	名称
1	GB/T 228—2007	金属材料室温拉伸试验方法
2	GB/T 229—2007	金属材料夏比摆锤冲击试验方法
3	GB/T 232—2010	金属材料弯曲试验方法
4	GB/T 246—2007	金属管压扁试验方法
5	GB/T 2105—1991	金属材料杨氏模量、切变模量及泊松比测量方法(动力学方法)
6	GB/T 7314—2005	金属材料室温压缩试验方法
7	GB/T 10128—2007	金属材料室温扭转试验方法
8	GB/T 10623—2008	金属材料力学性能试验术语
9	GB 12443—2007	金属扭应力疲劳试验方法
10	GB 12444.1—2006	金属磨损试验方法环块型磨损试验
11	GB 12444.2—2006	金属磨损试验方法环块型磨损试验
12	GB 12778—2008	金属夏比冲击断口测定方法
13	GB 13222—1991	金属热喷涂层剪切强度的测定
14	GB/T 228.1—2010	金属室温拉伸试验方法
15	GB/T 24182—2009	金属力学性能试验出版标准中的符号及定义
16	GB/T 6396—1995	复合钢板性能试验方法
17	GB/T 1931—2009	木材含水率测定方法
18	GB 1935—1991	木材顺纹抗压强度试验
19	GB/T 1936.1—2009	木材抗弯强度试验方法
20	GB/T 1937—2009	木材顺纹抗剪强度试验方法
21	GB/T 1938—2009	木材顺纹抗拉强度试验方法
22	GB/T 1039—1992	塑料力学性能试验方法总则
23	GB/T 1040—2006	塑料拉伸性能试验方法
24	GB/T 1041—2006	塑料压缩性能试验方法
25	GB/T 1043—1993	硬质塑料简支梁冲击试验方法
26	GB/T 1446—2005	纤维增强塑料性能试验方法总则
27	GB/T 1447—2005	纤维增强塑料拉伸性能试验方法
28	GB/T 1448—2005	纤维增强塑料压缩性能试验方法
29	GB/T 1449—2005	纤维增强塑料弯曲性能试验方法
30	GB/T 1450.1—2005	纤维增强塑料层间剪切强度试验方法
31	GB/T 1462—2005	纤维增强塑料弯曲性能试验方法
32	GB/T 3354—1999	定向现为增强塑料拉伸性能试验方法
33	GB/T 3355—2005	纤维增强塑料纵横剪切试验方法

续表

序号	编号	名称
34	GB/T 3356—1999	单向纤维增强塑料弯曲性能试验方法
35	GB/T 5249—2005	纤维增强热固性塑料管轴向拉伸性能试验方法
36	GB/T 5250—2005	纤维增强热固性塑料管轴向压缩性能试验方法
37	GB/T 5258—1995	纤维增强塑料薄层板压缩性能试验方法
38	GB/T 5352—2005	纤维增强热固性塑料管平行板外载性能试验方法
39	GB/T 5563—1994	橡胶、塑料软管低温曲挠试验
40	GB/T 5565—1994	橡胶、塑料软管及纯胶管弯曲试验
41	GB/T 5566—2003	橡胶、塑料软管耐压扁试验方法
42	GB/T 7559—2005	纤维增强塑料层合板螺栓连接压强度试验方法
43	GB/T 8804.1—2003	热塑性管材拉伸性能测定第 1 部分
44	GB/T 8804.2—2003	热塑性管材拉伸性能测定第 2 部分
45	GB/T 8804.3—2003	热塑性管材拉伸性能测定第 3 部分
46	GB/T 9979—2005	纤维增强塑料高低温力学性能试验准则
47	GB/T 12584—2001	橡胶或塑料涂覆织物低温冲击试验
48	GB/T 12586—2003	橡胶或塑料涂覆织物耐屈挠破坏性的测定试验
49	GB/T 12587—2003	橡胶或塑料涂覆织物抗压裂性的测定
50	GB/T 12812—1991	硬质泡沫塑料滚动磨损试验方法
51	GB/T 13022—1991	塑料薄膜拉伸性能试验方法
52	GB/T 13096.1—1991	拉挤玻璃纤维增强塑料杆拉伸性能试验方法
53	GB/T 13096.2—1991	拉挤玻璃纤维增强塑料杆弯曲性能试验方法
54	GB/T 13096.3—1991	拉挤玻璃纤维增强塑料杆面内剪切强度试验方法
55	GB/T 13096.3—1991	拉挤玻璃纤维增强塑料杆表观水平剪切强度短梁剪切试验方法
56	GB/T 13525—1992	塑料拉伸冲击性能试验方法
57	GB/T 14153—1993	硬质塑料落锤冲击试验方法通则
58	GB/T 14154—1993	塑料门垂直荷载试验方法
59	GB/T 14484—1993	塑料承载强度试验方法
60	GB/T 14694—1993	塑料压缩弹性模量的测定
61	GB/T 15047—1994	塑料扭转刚性试验方法
62	GB/T 15598—1995	塑料剪切强度试验方法穿孔法
63	GB/T 16419—1996	塑料弯曲性能小试样试验方法
64	GB/T 16420—1996	塑料冲击性能小试样试验方法
65	GB/T 16421—1996	塑料拉伸性能小试样试验方法
66	GB/T 16578—1996	塑料薄膜和薄片耐撕裂性能试验方法裤型撕裂法
67	GB/T 16778—1997	纤维增强塑料结构件失效分析一般程序
68	GB/T 16779—1997	纤维增强塑料层合板拉-拉疲劳强度性能试验方法
69	GB/T 17200—1997	橡胶塑料拉力、压力、弯曲试验机技术要求
70	GB/T 18042—2000	热塑性塑料管材蠕变比率的试验方法
71	GB/T 18426—2001	橡胶或塑料涂覆织物低温弯曲试验

附录Ⅱ 常用仪器介绍

1. 液压式万能材料试验机(图Ⅱ-1)

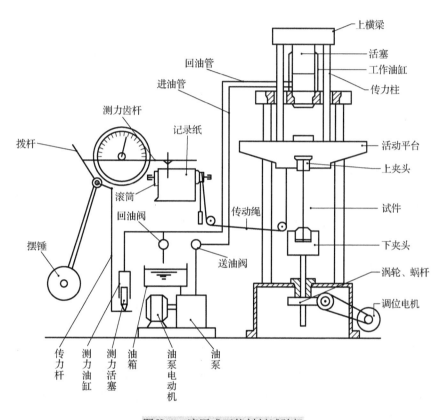

图Ⅱ-1 液压式万能材料试验机

1)加载系统

启动油泵，关闭回油阀门，打开进油阀门，油箱中的油就会通过进油阀门顺着进油管路进入加力油缸。高压油推动柱塞带动活动平台向上移动。如果上、下夹头间装有试样，活动平台将对试样施加拉伸载荷；如果试样放置在活动平台上边的上下压头之间，则实现压缩或弯曲加载。加载速度靠操作者调节进油阀门的开启程度来调节。

2)测量系统

老式试验机的测量系统主要是测量试样所受载荷大小，因此也称测力系统。测力系统的核心是摆锤系统。对试样加载是高压油作用的结果；而高压油作用柱塞的同时，还通过回油管推动测力柱塞，它向下推动测力拉杆使摆锤偏摆一定角度。油压越高试样受力越大，摆锤偏摆角度也越大。摆锤偏摆时，与其同轴偏转的拨杆推动测力齿杆移动，齿杆推动测力小齿轮从而使测力指针转动，试样所受载荷即显示在力盘上。为了适应不同的测力范围，摆锤测力系统都配有几种不同重量的配重。配重越大测力范围越大，因此使用不同量程测力刻度盘时，必须配挂相应的配重。

3)绘图装置

记录纸安放在滚筒上。试样的变形可以近似地看作活动平台加载时的位移量，这个位移量可以通过传动绳绕过导向小滑轮拖动滚筒转动，使滚筒的圆周方向运动反映试样的变形。而测力齿杆移动时，记录笔也随着移动，因此滚筒轴线方向直接记录试样的载荷。这样机器运行时就在图纸上绘出试样载荷-变形特性曲线。但这条曲线不够精确，一般只作参考使用。

2. 电子万能材料试验机

电子万能材料试验机是电子技术与机械传动相结合的新型试验机。它对载荷、变形、位移的测量和控制有较高的精度和灵敏度。通过 X-Y 记录仪可准确记录载荷-变形曲线，与计算机联机还可实现控制、检测和数据处理的自动化。有的电子万能机可以进行等速加载、等速变形、等速位移的自动控制实验，并有低周载荷循环、变形循环和位移循环的功能。

1)加载控制系统

图 II-2 所示为电子万能材料试验机的工作原理图(传动系统因机型不同而异)。在加载控制系统中，由上横梁、四根立柱和工作平台组成门式框架。活动横梁由滚珠丝杠驱动。试样安装于活动横梁与工作平台之间。操纵速度控制单元使其发出指令，伺服电动机便驱动齿轮箱带动滚珠丝杠转动，丝杠推动活动横梁向上或向下位移，从而实现对试样的加载。通过测速电动机的测速反馈和旋转变压器的相位反馈形成闭环控制，以保证加载速度的稳定。

2)测量系统

测量系统包括载荷测量、试样变形测量和活动横梁的位移测量三部分。载荷测量是把应变式拉压力传感器 6 发出的信号变为微弱的电信号，经放大器 8 放大，再经 A/D 转换后变成数字显示。变形测量则是把应变式引伸计 7 的信号经放大器 9，并经 A/D 转换后变为数字显示。如把放大器 8 和 9 的信号接到 X-Y 记录仪 11 上，即可画出负载-变形曲线。活动横梁 5 的位移是借助丝杠 4 的转动来实现的。滚珠丝杠 4 转动时，装在滚珠丝杠 4 上的光栅编码器 10 输出的脉冲信号经过转换，也可用数字显示。

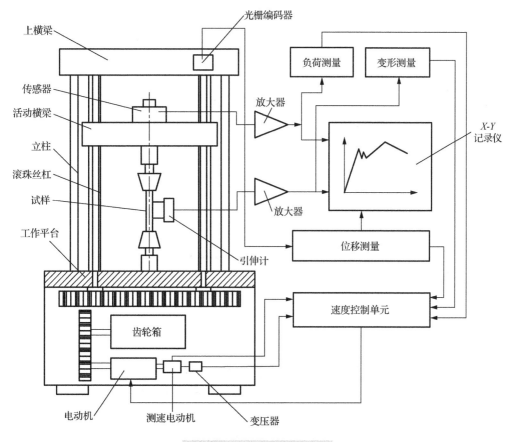

图Ⅱ-2　电子万能材料试验机

3. 扭转试验机

扭转试验机如图Ⅱ-3所示，由加载机构、测力计、自动绘图器组成。

1)加载机构

加载机构由6个滚珠轴承支持在机座的导航上，它可以左右自由滑动。加载时，操作直流电动机转动，经过减速箱的减速，通过使夹头Ⅰ转动对试样施加转矩，转速由电表指示。

2)测力计

在测力计内有杠杆测力系统，试件受扭后由夹头Ⅱ传来扭矩，使杠杆Ⅰ逆时针旋转，通过 A 点将力传给变支点杠杆(C 支点和杠杆Ⅱ是传递反向扭矩用的)，使拉杆有一压力 P 压在杠杆Ⅲ左端的刀口 D 上。杠杆Ⅲ则以 B 为支点使右端翘起，推动差动变压器的铁心移动，发出一个电信号，经放大器Ⅰ使伺服电动机Ⅰ传动，通过钢丝Ⅰ拉动游铊水平移动。当游铊移动到对支点 B 的力矩 $Q \cdot s = P \cdot r$ 时，杠杆Ⅲ达到平衡，恢复水平状态，差动变压器的铁心也恢复零位，此时差动变压器无信号输出，伺服电机Ⅰ停止转动。

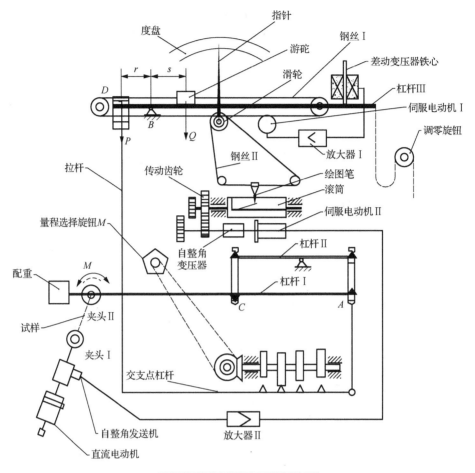

图Ⅱ-3　NJ-100B 型扭转试验机

由上述分析可知，扭矩与游铊移动的距离成正比。游铊的移动又通过钢丝带动滑轮和指针转动，这样度盘便可指出试样所受扭矩的大小。

3) 绘图器

自动绘图器由绘图笔和滚筒组成。绘图笔的移动量表示扭矩的大小，它的移动是由于滑轮带动指针转动时也带动钢丝Ⅱ使绘图笔水平移动。绘图滚筒的转动表示试样加力端夹头Ⅰ的绝对转角，它的转动是由装在夹头Ⅰ上的自整角发送机发出正比于转动的电信号，经放大器Ⅱ放大后带动伺服电动机Ⅱ和自整角变压器而使绘图滚筒转动。其转动量正比于试样的转角。

4. 冲击试验机

图Ⅱ-4 所示摆锤式冲击试验机，常用的控制方法有两种，即手动和自动控制，其构造原理基本相同。它由机架部分、冲击系统和指示系统三部分组成。

对于手动控制的冲击试验机(如国产 JB-30 型)，它由机体、摆锤、试样支座、示力度盘、指针、摆锤扬起定位锁及制动机构等部件组成。

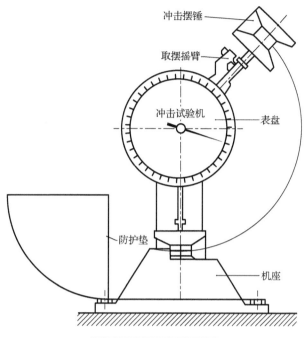

图Ⅱ-4　冲击试验机简图

对于自动控制的冲击试验机，除了上述部件外，在其机身内装有电动机、减速皮带盘、蜗轮蜗杆减速器和刹车片等，并配有控制操作台。其构造原理是：在忽略摩擦和阻尼情况下，摆锤被举起后所储存的势能在摆锤落下时转化为动能，将试样冲断后，所剩余的动能又转化为继续扬起摆锤的势能。因此，冲断试样所消耗的冲击功，即为冲断试样前、后摆锤的势能差。

5．疲劳试验机

图Ⅱ-5 所示，纯弯曲疲劳试验机通过滚动轴承，把弯曲载荷加到旋转着的试件上进行纯弯曲疲劳实验。空心套筒体 5 和 7 中的内套，通过滚动轴承支承在筒体外壳上，两者能相对转动，该内套具有内锥，借此作为试样的定位基准。试样 6 两端有外锥和内螺纹，通过连接螺栓 4 和 8，将它与套筒体连接成一整体。套筒体置于机座 9 之上，其间润滑条件良好，试样又经橡皮联轴节 3 与高速电动机 2(最高转速为 10000r/min)连接在一起。这样，高速电动机就直接带动试样旋转。电动机的尾部与计数器 1 相连，用来记录试样旋转的次数(即循环次数)，并以 10^3 次为个位读数单位。通过吊杆 10，用砝码 11 对试样进行加载。由支承条件和加载形式可知，试样发生纯弯曲变形。它旋转一周，横截面上的点便经受一次对称的应力循环。

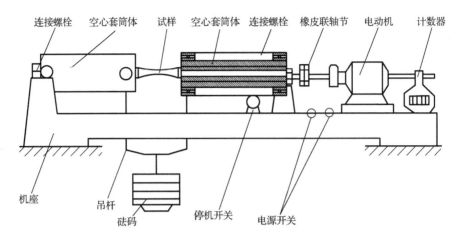

图Ⅱ-5　纯弯曲疲劳试验机

附录Ⅲ 实验报告样板

1. 拉伸实验报告

班级：_____ 小组：_____ 姓名：_____ 日期：_____

一、实验目的

二、实验设备

机器型号名称_____

选择量程：钢_____kN，精度_____N；铸铁_____kN，精度_____N

测试件直径的量具名称_____，精度_____mm

测试件长度的量具名称_____，精度_____mm

三、实验数据和计算结果

实验材料	试件规格	实验前						实验后				屈服载荷 F_s/N	屈服极限 σ_s/MPa	最大载荷 F_b/N	强度极限 σ_b	延伸率 δ/%	断面收缩率 φ/%
		截面尺寸 d_0/mm				截面面积 A_0/mm²	计算长度 l_0/mm	断口截面尺寸/mm		截面面积 A_0/mm²	断后长度 l_1/mm						
		测量部位	沿两正交方向测得的数值	各部位的平均值 d_0	最小平均值			沿两正交方向测得的数值	平均位 d_1								
低碳钢		上	1					1									
			2														
		中	1														
			2														
		下	1					2									
			2														
铸铁		上	1														
			2														
		中	1														
			2														
		下	1														
			2														

四、回答下列问题

(1)画出(两种材料)试件破坏后的简图。

(2)画出拉伸曲线图。

(3)为什么在调整液压试验机的测力指针的"零"点前,要先将其活动平台升起一定高度?

(4)试比较低碳钢和铸铁拉伸时的力学性质。

(5)材料和直径相同而长短不同的试件,其延伸率是否相同?为什么?

2．压缩实验报告

班级:＿＿＿＿＿＿小组:＿＿＿＿＿＿姓名:＿＿＿＿＿＿日期:＿＿＿＿＿＿

一、实验目的

二、实验设备

三、试样原始尺寸记录

材料	长度 L/mm	直径 d_0/mm			横截面面积 A_0/mm^2
		(1)	(2)	平均	
低碳钢					
铸铁					

四、实验数据

材料	屈服载荷 F_{sc}/kN	最大载荷 F_{bc}/kN
低碳钢		
铸铁		

五、作图(定性画，适当注意比例，特征点要清楚并作必要的说明)

材料	F-Δl曲线	断口形状和特征
低碳钢		
铸铁		

3. 扭转实验报告

班级：_____小组：_____姓名：_____日期：_____

一、实验目的

二、实验设备

机器型号名称_____

选择量程：钢_____N•m，精度_____N•m

　　　　　铸铁_____N•m，精度_____N•m

测直径量具名称_____精度_____mm

三、实验数据和计算结果

试件材料	直径 d/mm					抗扭截面模量 W/mm³	屈服扭矩 T_s/(N•m)	破坏扭矩 T_b/(N•m)	屈服极限 τ/MPa	强度极限 δ/MPa
	测量部位	沿两正交方向测得的数值		平均值	最小平均值					
低碳钢	上	1								
		2								
	中	1								
		2								
	下	1								
		2								
铸铁	上	1								
		2								
	中	1								
		2								
	下	1								
		2								

四、回答下列问题

(1)画出低碳钢和铸铁试件实验前、后的图形。

(2)绘制铸铁和低碳钢两种材料的 T-φ 曲线图。

(3) 低碳钢和铸铁材料扭转破坏断口有何不同？为什么？

(4) 分析和比较塑性材料和脆性材料在拉伸、压缩及扭转时的变形情况和破坏特点，并归纳这两种材料的机械性能。

4. 冲击实验报告

班级：＿＿＿＿＿＿ 小组：＿＿＿＿＿＿ 姓名：＿＿＿＿＿＿ 日期：＿＿＿＿＿＿

一、实验目的

二、实验设备

三、试样原始尺寸记录

四、实验数据和计算结果

试件材料	试件缺口处截面尺寸			破坏时消耗的能量 $W/(\text{N}\cdot\text{m})$	冲击韧性 $\alpha_k/(\text{N}\cdot\text{m/cm}^2)$
	宽度/cm	高度/cm	面积/cm²		
V 形缺口					
U 形缺口					